手作小日子
SHOUZUO XIAORIZI

改妞儿的布艺×饰物混搭

——看粘粘族如何玩布艺

王贝丽　黄树青　著

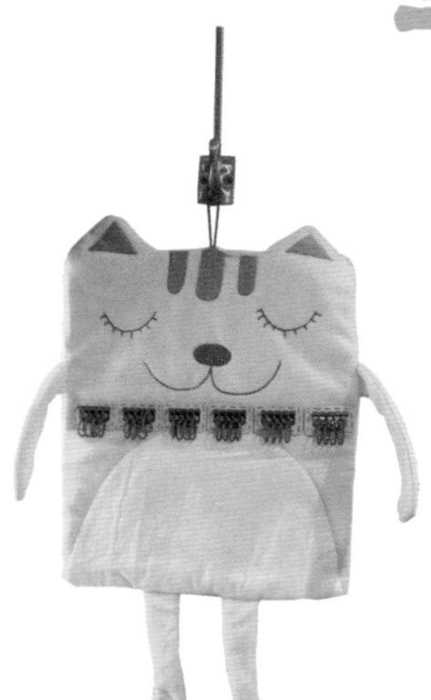

机械工业出版社
CHINA MACHINE PRESS

图书在版编目（CIP）数据

改妞儿的布艺×饰物混搭：看粘粘族如何玩布艺/王贝丽，黄树青著.
—北京：机械工业出版社，2019.7
（手作小日子）
ISBN 978-7-111-62846-0

Ⅰ.①改… Ⅱ.①王…②黄… Ⅲ.①布料—手工艺品—制作
Ⅳ.①TS973.51

中国版本图书馆CIP数据核字（2019）第101197号

机械工业出版社（北京市百万庄大街22号 邮政编码100037）
策划编辑：于翠翠 责任编辑：于翠翠 於 薇
责任校对：李 杉 责任印制：李 昂
北京瑞禾彩色印刷有限公司印刷

2019年7月第1版第1次印刷
187mm×260mm・6印张・2插页・150千字
标准书号：ISBN 978-7-111-62846-0
定价：39.80元

电话服务
客服电话：010-88361066
010-88379833
010-68326294

网络服务
机 工 官 网：www.cmpbook.com
机 工 官 博：weibo.com/cmp1952
金 书 网：www.golden-book.com
机工教育服务网：www.cmpedu.com

前言 PREFACE

做这本书的初衷，算是想要留住我们的少女心吧。

这不是我们的第一次合作，却是我们第一次费尽心思地融合彼此的想法所进行的创作。认识爱丽丝六年了，她的风格一直是能复杂就不简单，这个“毛病”估计能在她的《爱丽丝的糖果拼布》里看到，而我是能用简单的方法就尽量避免复杂……于是在我们两人准备本书的过程中，纠结的地方还是非常多的，而最终呈现的也是两人风格的中和。

之所以叫自己“粘粘族”，是因为我们喜欢将一些不能用针线缝的材料和饰物用胶等小工具来与布艺结合。本书中会出现爱丽丝用羊毛毡做的小熊、钩编用的毛线、做饰品的珠子，还有仿真黏土的影子，这些作品的设计和混搭颇有些创意，希望你能喜欢。

为了能拍出较好的步骤图，我们开始学习使用单反相机和专业的摄影灯，虽然照片看起来还没有特别专业，但是我们仍然觉得非常开心，因为每一个细节都包含着我们的努力和进步。

本书中介绍的 30 个作品大都散发着甜美柔软的少女气息，既有梦幻的幸运捕梦网这样的居家布艺，也有可爱又温暖的兔子手机壳这种穿搭布艺，还有童真、实用的夹层拉链斜挎包这种布袋布艺。这些作品并不复杂，是我们的一些小设计，并以尽可能清晰的步骤照片图来讲解制作方法，还将不易表达清楚的步骤以视频的形式演示了出来。我们希望本书能为你提供一些思路，为你内心深处的那份粉嫩纯真增添更多色彩，并为你的生活带来一抹亮色。

我们这样的“粘粘族”喜欢粘东西，有些小物件需要使用热熔胶和热熔胶枪来粘贴，热熔胶枪温度较高，请注意使用安全哟！保护好自己，做喜爱的布艺。

黄树青

目录

CONTENTS

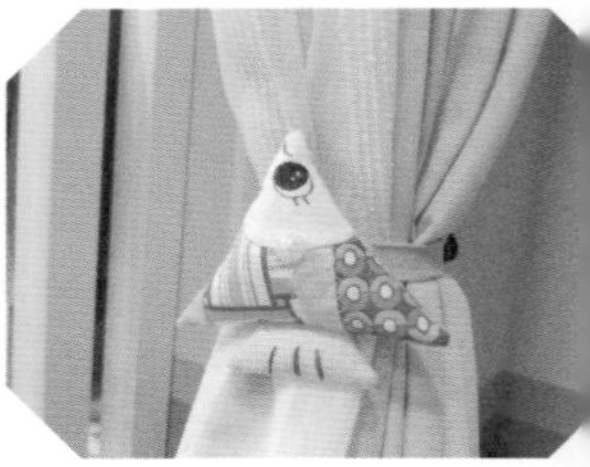

第二章
穿搭布艺 × 饰物混搭

第三章
布袋布艺 × 饰物混搭

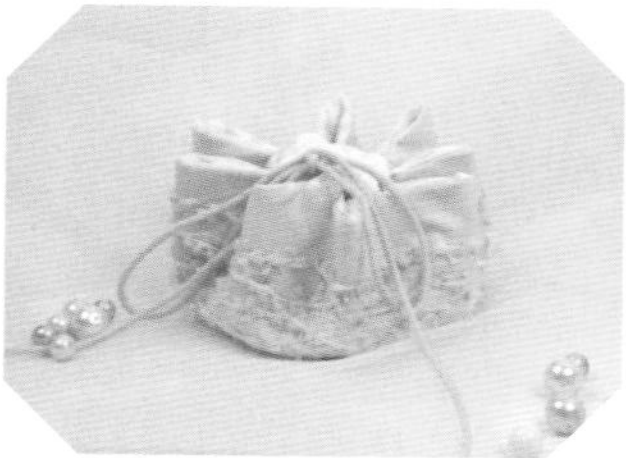

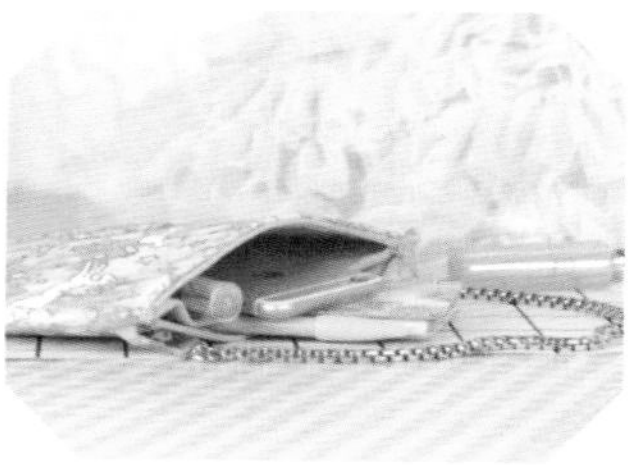

第一章

家居布艺×饰物混搭

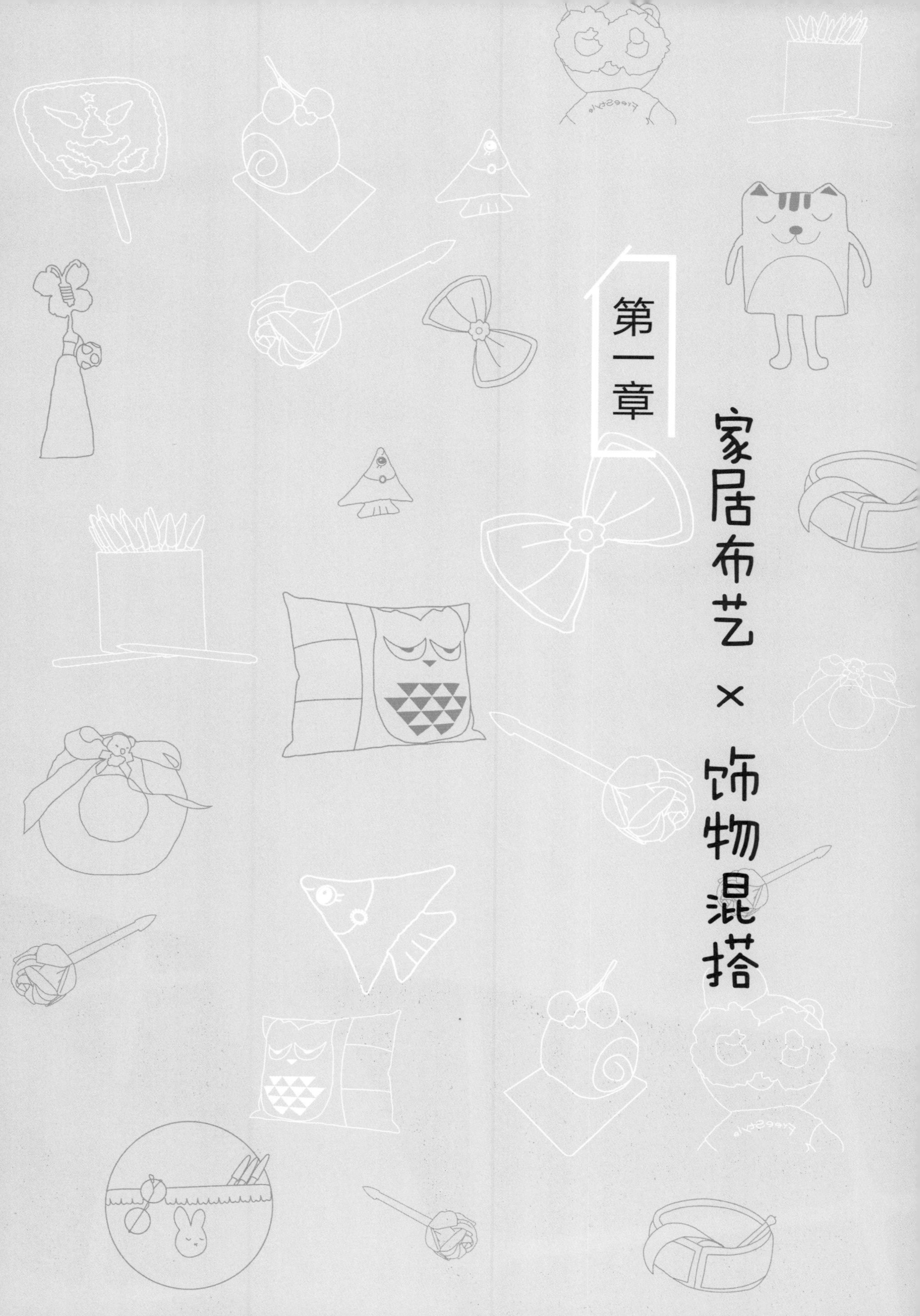

玫瑰花写字笔

写字笔也可以很妖娆，
使用布艺花朵装饰一下，
写字笔立刻活泼起来，不仅可以用来写字，
还可以用来欣赏，心情都变好了。

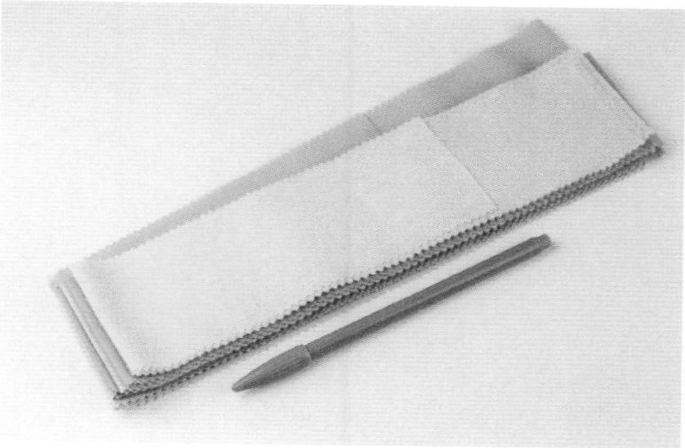

材料、工具

多色素布，笔，热熔胶，热熔胶枪

小贴士：

多做一些布花扎成一束，插在花瓶里还能起到装饰作用。

步骤

1 将布料裁剪成13个圆片布，其中5片为绿色的，做叶子。

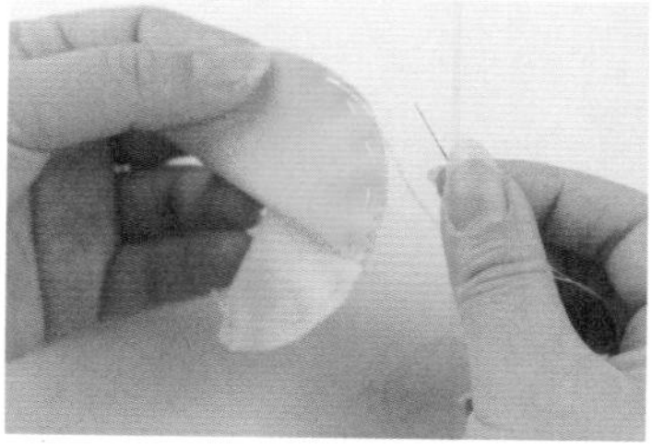

2 将做花瓣的两个圆片对折后，按图所示重叠在一起进行平针缝。

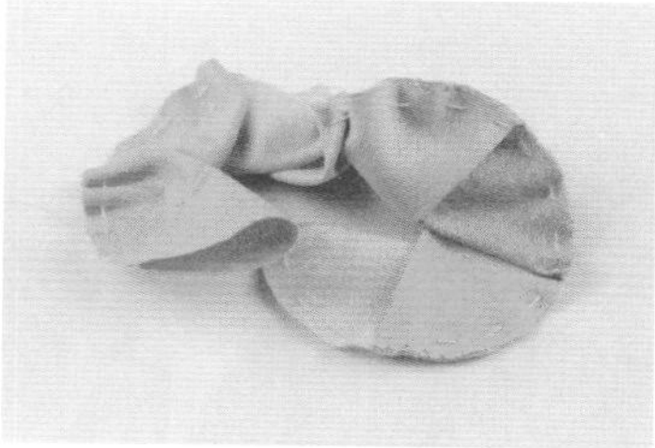

3 继续上个步骤，直到8片花瓣都连在一起。

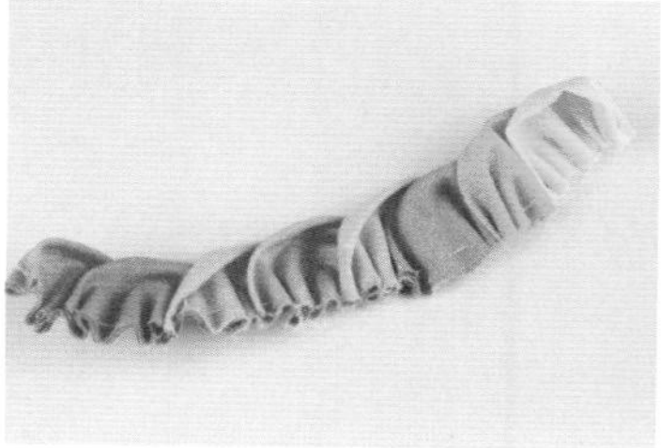

4 抽紧缝合线，并将各片花瓣调整为自己想要的样子。

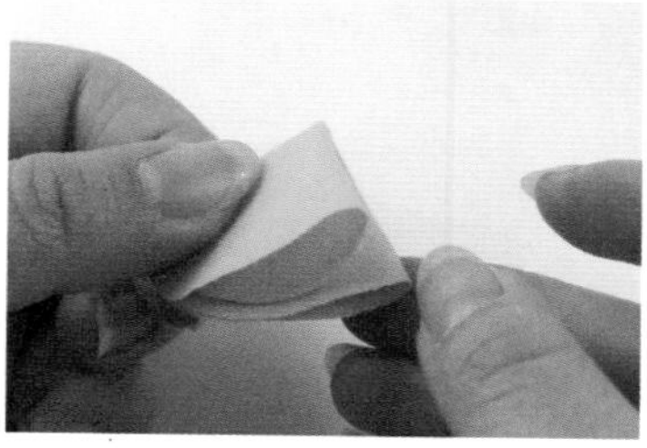

5 将绿色圆片对折两次。

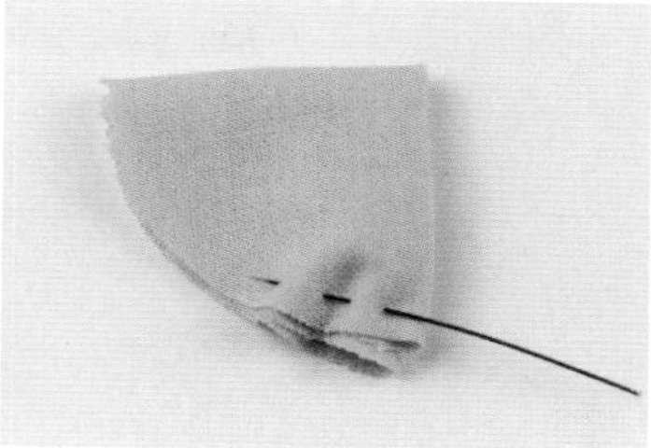

6 以平针缝针法缝合起来。

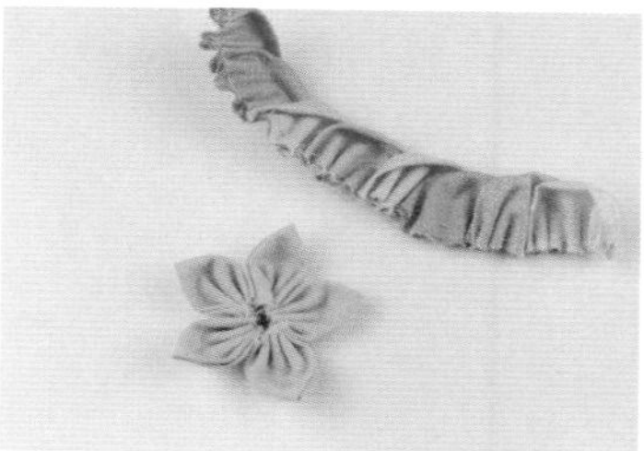

7 用上述方法将5个绿色圆片连起来，抽紧缝合线使其成为花形，做花萼。

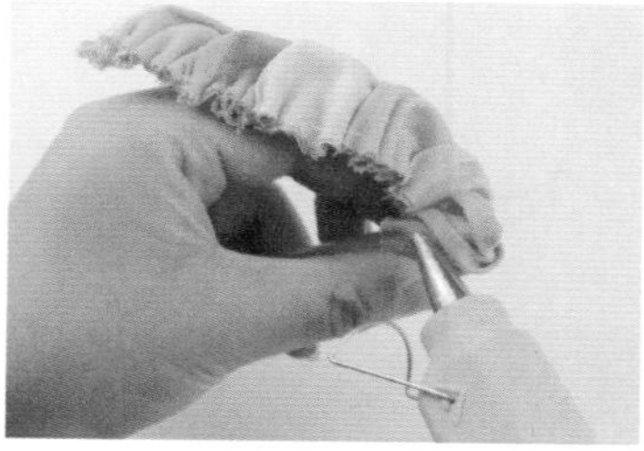

8 在做成的花瓣串底部，用热熔胶枪抹上胶。

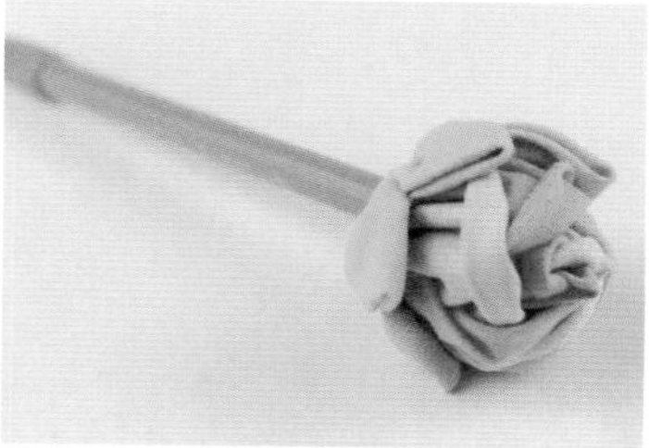

9 将笔穿过花萼中心的孔，与花瓣底部黏合在一起，并调整花朵的形状。

独角兽笔筒

我在做这个笔筒的时候非常开心，因为我散落在桌面上的各种画笔终于有一个可爱的家了。

材料

3mm 厚的长方形硬纸板，花色表布，素色里布，装饰物，UHU 胶水

步骤

1 将长方形硬纸板均匀地切成四块，做笔筒的四面。取其中一块板，按图所示包裹表布：先将四角向内折，这样不会露出难看的边角。

2 再将四条布边向内折，粘好。

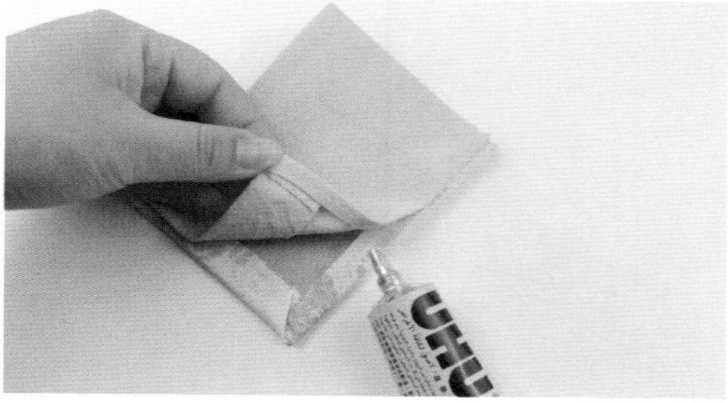

3 取一块里布，将其折成表布的大小，粘在纸板内侧。

4 制作好笔筒的四面后，再加一个正方形底板。底板的边长和其他四块板的短边尺寸相符。

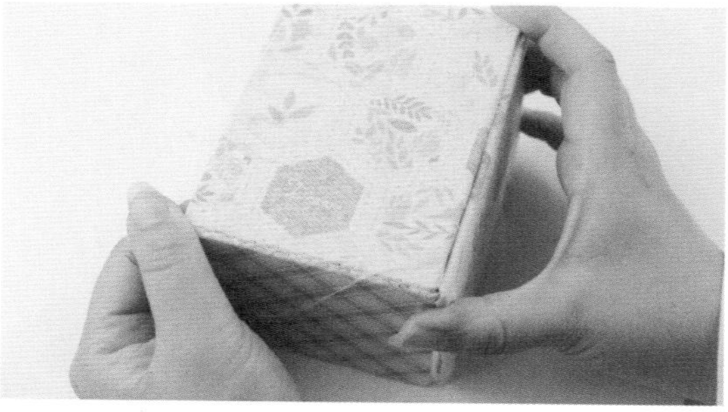

5 将粘好里布的五块板拼接在一起，藏针缝合。

6 粘上装饰物。完成。

水果蛋糕手机支架

作为一个实用主义者，我不管做什么，都想让作品有更多的功能，这似乎成了习惯。

毛茸茸的布料手感超好，让我想到了绵软甜蜜的蛋糕卷，

再结合仿真黏土后就不仅仅是摆件了，还可以做手机支架。

当然，也可以将其用来放一张自己喜欢的照片。

材料

粉色毛绒布，白色毛绒布，仿真黏土——奶油土，亚克力板，仿真蓝莓、樱桃、甜点，UHU 胶水，裱花嘴

步骤

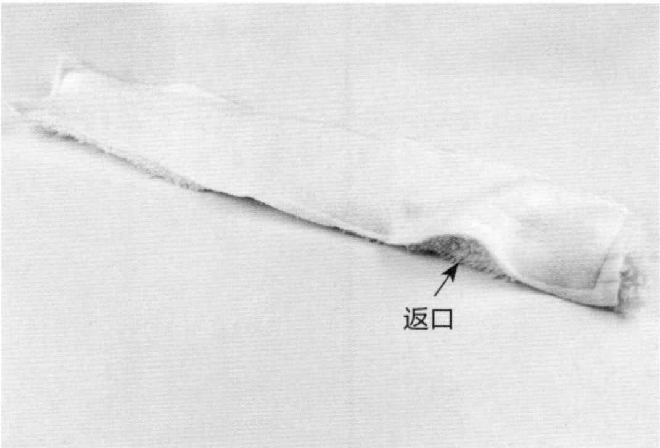

1 使粉色毛绒布和白色毛绒布正面相对，缝合，留返口。

2 翻到正面后缝合返口，从头卷起，卷成蛋糕卷的样子。

3 使用 UHU 胶水将布卷粘在亚克力板上。用裱花嘴将奶油土挤在上面做装饰。

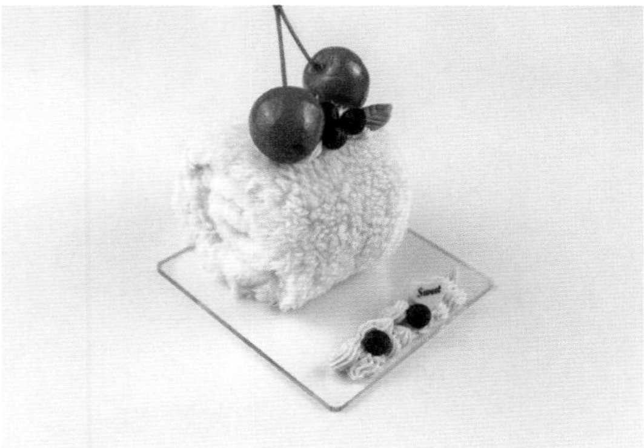

4 趁奶油土还未干时，将仿真水果放在奶油土上进行装饰。还可以按自己喜欢的样子，用剩下的奶油土装饰亚克力板，如图所示。

布艺蒲扇

这个布艺蒲扇的特色在于粘在扇面上的黏土装饰物。
你可以给这些黏土装饰物上色，
也可以在上面滴上香水，一扇一摇之间，
或色彩成趣，或香风徐徐，别有一番韵味。

材料、工具

棉布，蕾丝花边，布艺双面胶，带胶厚衬，小木棒，黏土装饰物，热熔胶，热熔胶枪

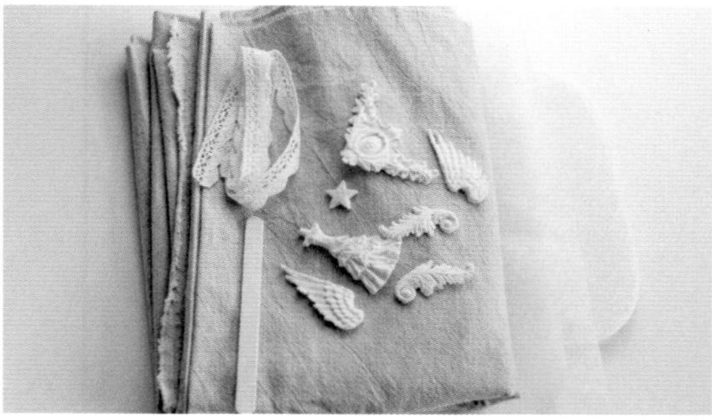

步骤

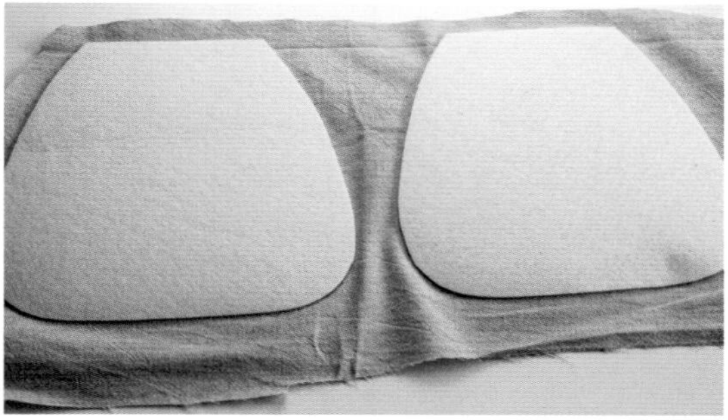

1 按扇面纸样裁剪两块带胶厚衬，并将其熨烫在棉布上。

2 中间夹布艺双面胶熨烫，在中间留出小木棒的位置。

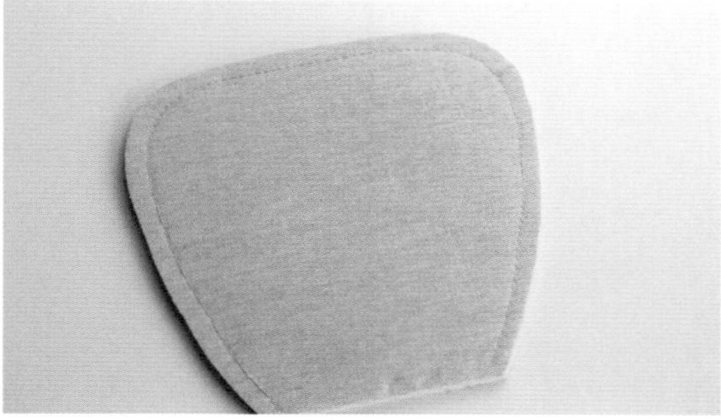

3 除了下边缘，其他边缘缝合固定。

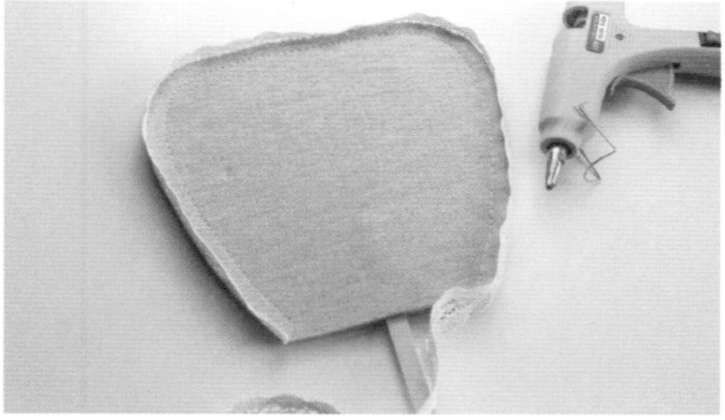

4 粘好小木棒后继续粘蕾丝花边。

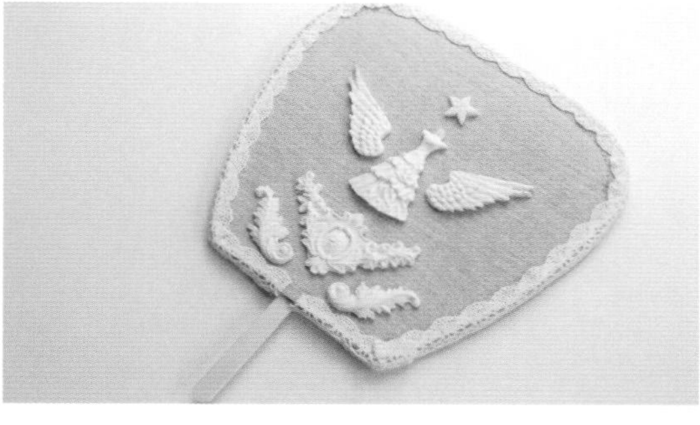

5 在扇面上粘贴黏土装饰物，粘牢即可。

毛绒相框

一直想做一个相框，用来放女儿的照片。最近中了毛绒布的毒，粉嫩的毛绒布看起来甜甜的，柔软又温暖，搭配自己戳出来的羊毛毡小熊做成相框，拥着女儿可爱的照片，看着就很幸福。

材料

毛绒布，里布，填充棉，装饰用丝带，羊毛毡小熊，装饰珠，相框纸板（圆纸板和支架板），UHU 胶水

步骤

1 按纸样剪好四片毛绒布，将其中两片正面相对，按图所示进行车缝，两端先不缝。

2 将缝好的毛绒布翻到正面，塞填充棉。

3 将两个半圆部分都做好后，使它们如图所示相对，进行藏针缝拼接。

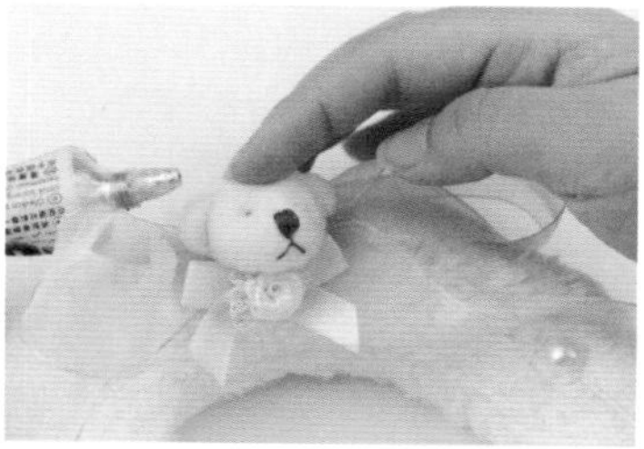

4 粘贴用丝带绑好的蝴蝶结、羊毛毡小熊和装饰珠。

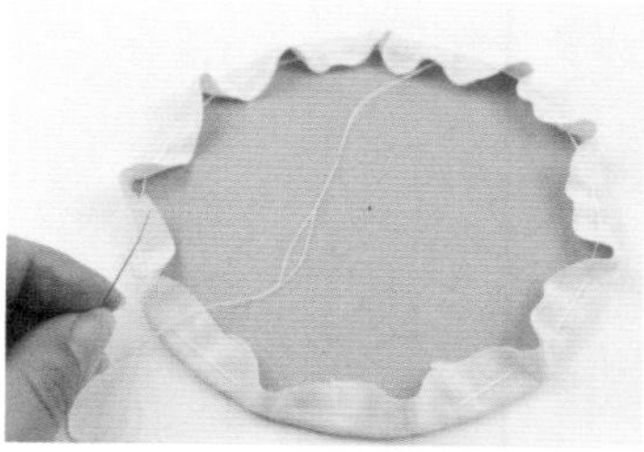

5 将按纸样裁好的圆纸板用包扣的方法包上里布，如图所示。按此方法制作两片。

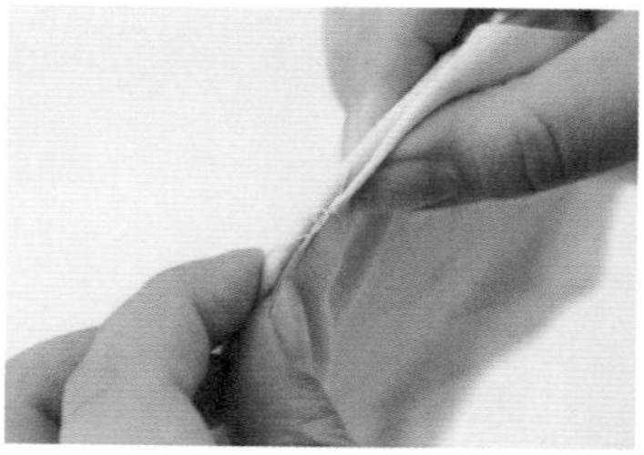

6 使两片相对，用藏针缝手法固定，再用里布包裹裁好的支架板（具体包裹方法可参见独角兽笔筒的四面包裹方法）。

7 把支架板粘在圆纸板的中间，再将圆纸板粘在毛绒圆圈上。完成。

蝴蝶冰箱贴

我经常会在冰箱上贴一个备忘条，这样不用开冰箱就能知道里边还有什么存货及其保质期，或提醒自己健康饮食等事项。

使用胶带来固定备忘条会在冰箱上留下难看的痕迹，也不利于随时更换，

于是我使用发饰的样式制作了这个冰箱贴。

美丽的蝴蝶安静地落在我的冰箱上，仿佛在家都能闻到花香。

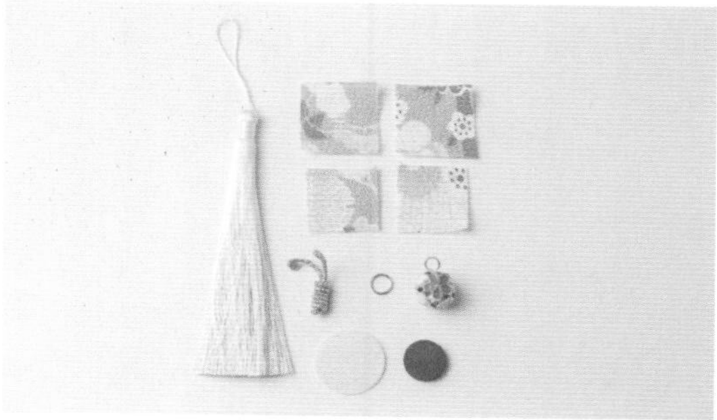

材料

流苏，两种大小的正方形花布各两片，蝴蝶配件（身体和触角一体）开口环，铃铛，圆无纺布，磁铁，UHU 胶水

步骤

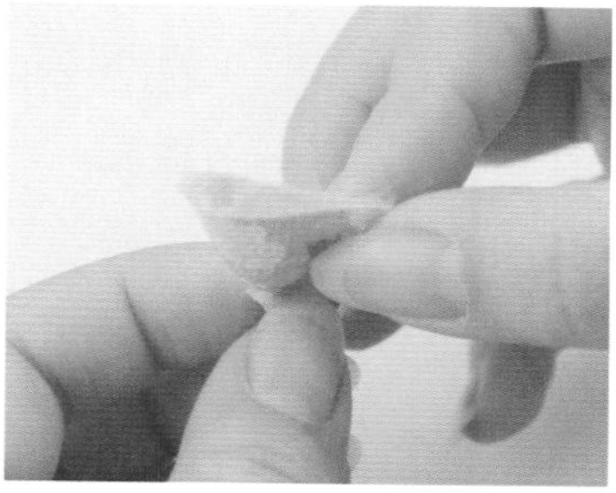

1 将正方形花布对角折，折成一个三角形。

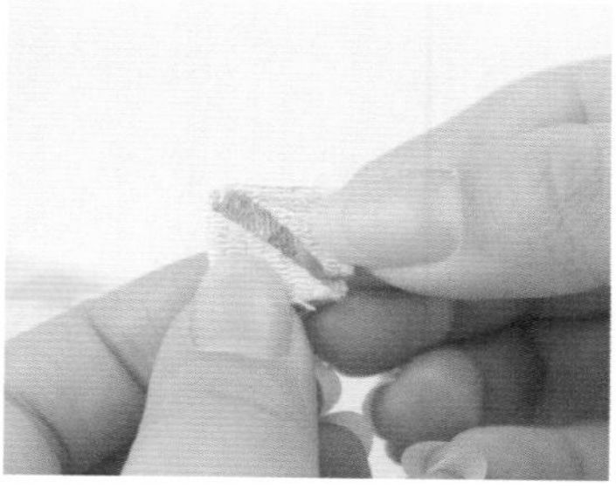

2 捏住三角形的两个锐角向中间折。

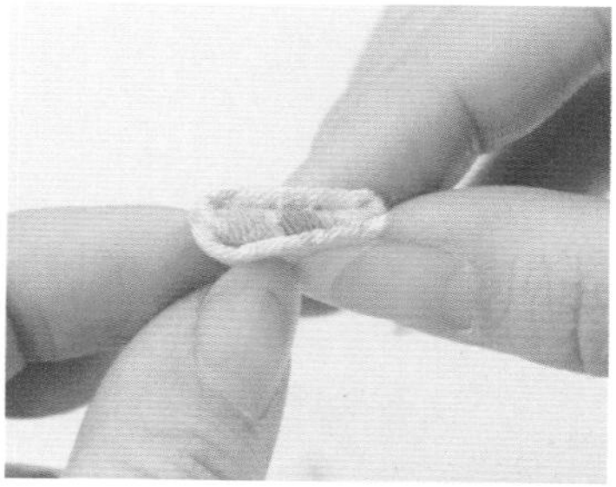

3 再沿中心向背面对折（山折）。

4 缝合对折后的尖角部分（只缝图中所示的一处），做蝴蝶的一片翅膀。

5 重复以上步骤，做好四片翅膀。

6 将四部分缝合固定，得到蝴蝶的完整翅膀。

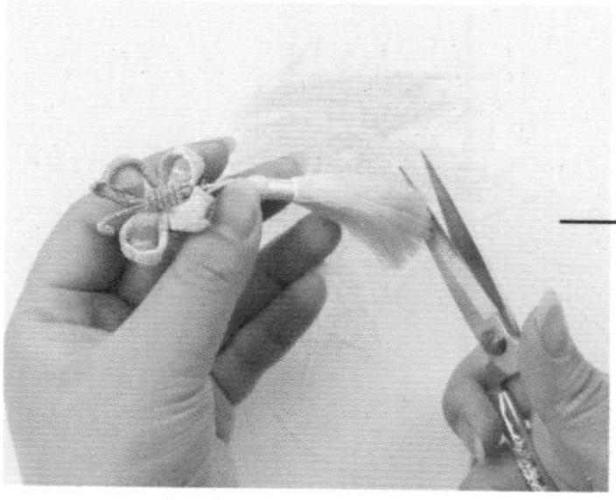

7 用 UHU 胶水粘上蝴蝶配件，用开口环串接上流苏和铃铛。背后依次粘上圆无纺布和磁铁。蝴蝶冰箱贴就完成了。

搞笑睡眠眼罩

爱丽丝新买了漂亮的花边，
我们想做点东西利用起来，
于是就有了这款眼镜造型的睡眠眼罩。
爱丽丝还贡献了自己的假睫毛，
粘在眼罩上很有喜感，只是看着都会觉得很开心。

材料

假睫毛，棉绳（或松紧绳），花边，布，铺棉，UHU 胶水

步骤

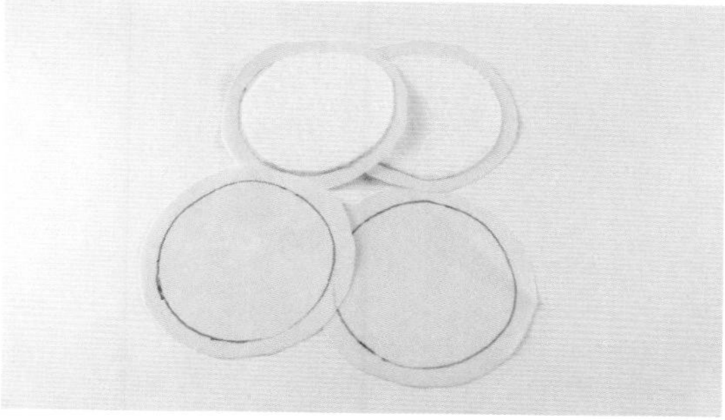

1 按纸样剪四个圆布片（均留出 1cm 缝份），在其中两片圆布片上熨烫铺棉（不留缝份）。

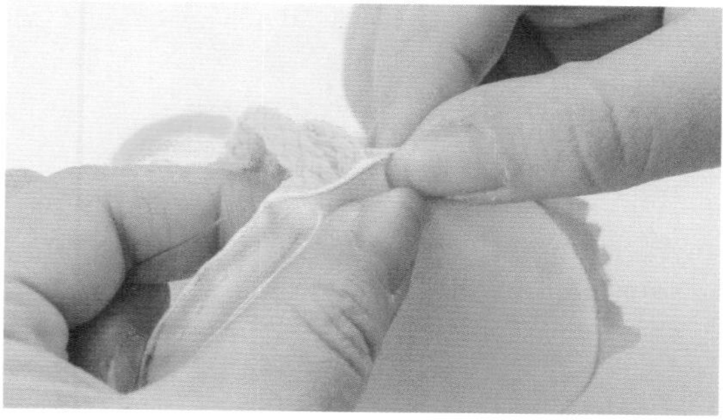

2 将圆布片的缝份向内折，有铺棉的和没铺棉的两片相对，一侧塞入棉绳，平针缝合固定。

3 使用相同方法制作其余部分，使圆布片附近的棉绳呈一条直线（棉绳的长度按照自己的头围截取），眼罩主体就做好了。

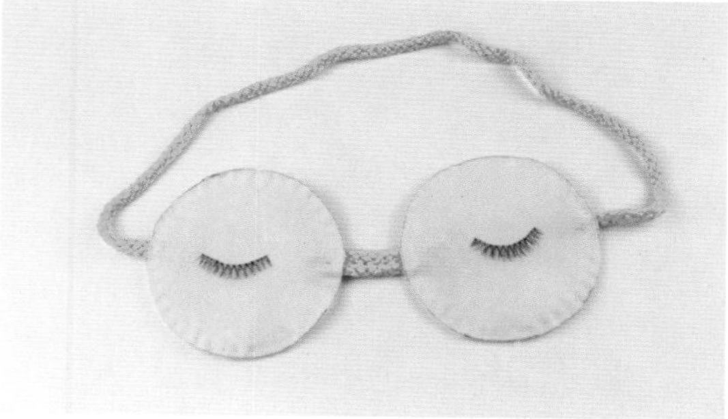

4 用 UHU 胶水粘上假睫毛。

5 在圆布片四周缝上花边。完成。

一体抱枕套

这是一个就地取材的抱枕套，没有固定的尺寸，完全根据定位布的尺寸随心所欲地进行拼接。喜欢先精细测量尺寸再进行拼接的朋友可能会不习惯这种制作方法，但跟着教程任性地制作一回，相信你一定会爱上这种自由制作的快乐。

材料、工具

定位布一片（约 34cm × 28cm），
各色花布，拼布尺，轮刀

小贴士：

用于抱枕背面的两块花布，可以先按照缝合边尺寸剪裁宽度，其长度可在两块花布都缝好后，向外折完再确定和剪裁。

步骤

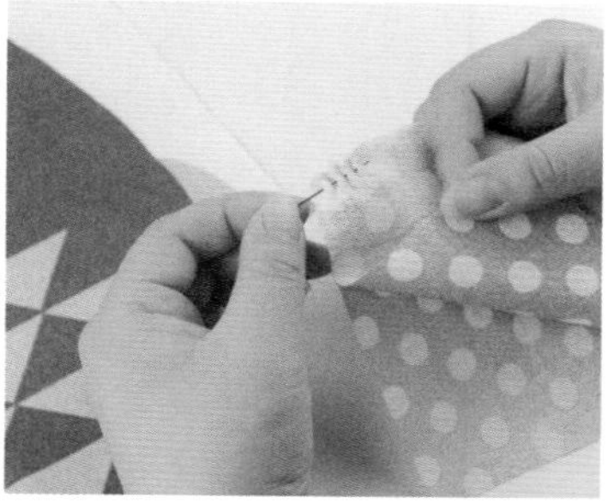

1 按照喜好剪裁花布并进行拼接，布块的计算方法是：定位布的长边尺寸（去掉缝份）÷3= 拼接花布的净尺寸，每片布块再留 0.7cm（或 1cm）的缝份。

2 与定位布拼接在一起，抱枕正面即完成。

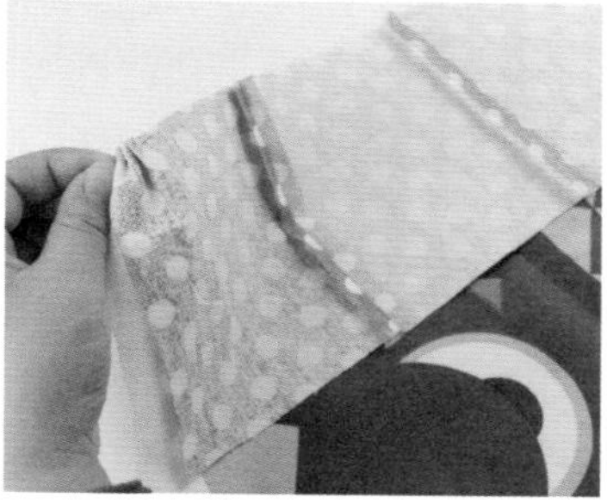

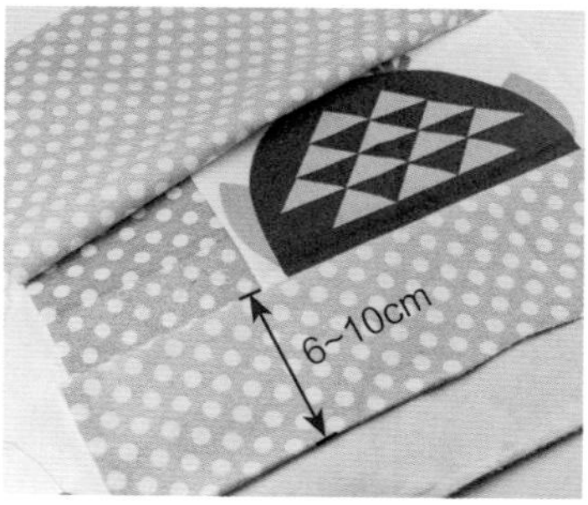

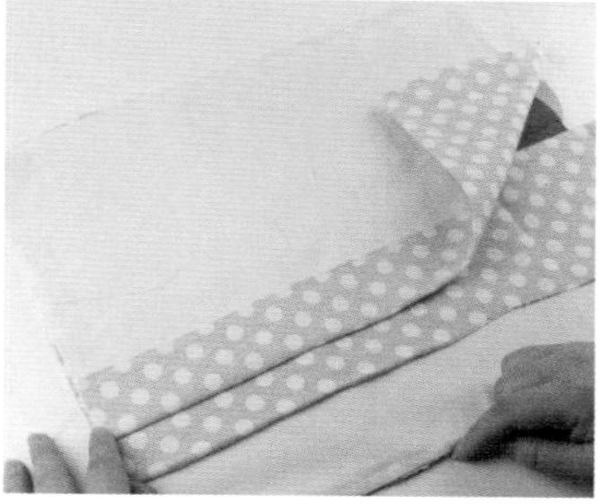

3 在抱枕正面的一边拼接一片花布（两片布正面相对，花布大于正面布的一半）。

4 将花布向外折一段，再取一片花布，按图所示拼接在另一边。

5 将另一侧拼接好的花布同样向外折一段。

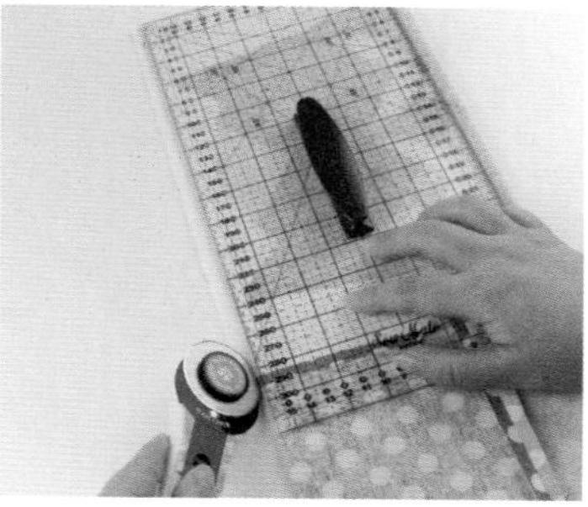

6 修剪整齐，缝合四周。（建议垫上切割板）。

7 翻到正面，塞入抱枕芯即可。

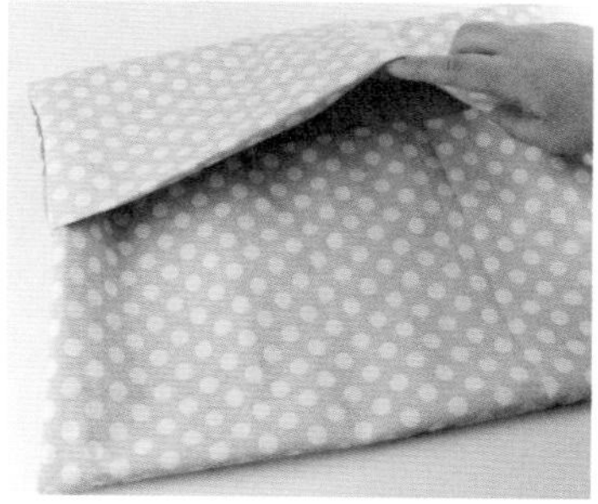

拼布尺、轮刀、切割板使用方法

热带鱼窗帘扣

攒下来的碎布扔了很可惜，
拼拼凑凑就又有了使用价值。
做成了热带鱼的样子，还用到了布艺笔，
使内容更加丰富，
加了绑带就可以做窗帘扣来装饰房间啦！

材料、工具

彩色正方形布（12.5cm × 12.5cm）若干，白色棉布，布艺笔，皮搭扣，填充棉，花边剪

步骤

1 将彩色正方形布先对折剪开一次，再对折剪开一次，得到各色布条，然后按喜欢的配色将布条拼接缝合起来。

2 按纸样剪裁鱼身和鱼尾各两片。

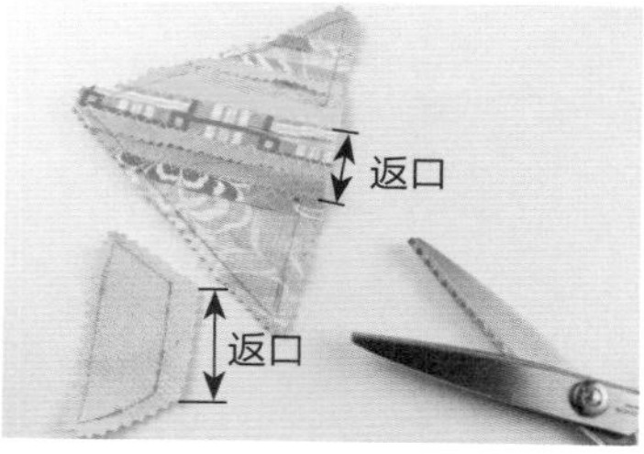

3 如图所示，将布片正面相对缝合，留返口，用花边剪修剪边缘。

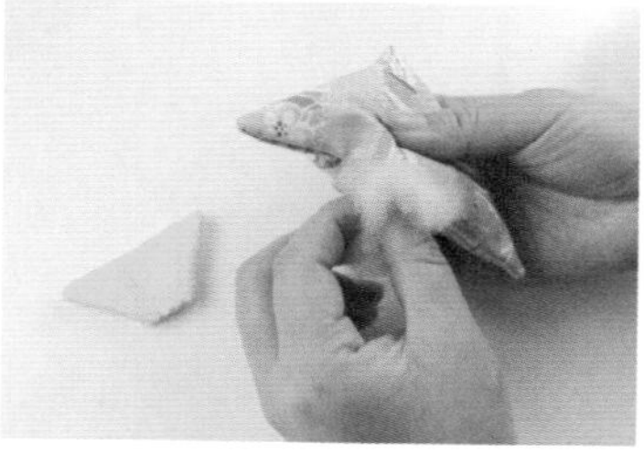

4 翻到正面，塞填充棉。

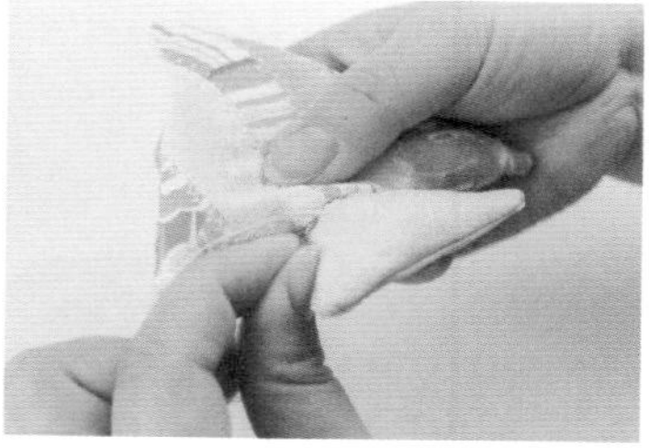

5 将鱼尾塞入鱼身，藏针缝合。

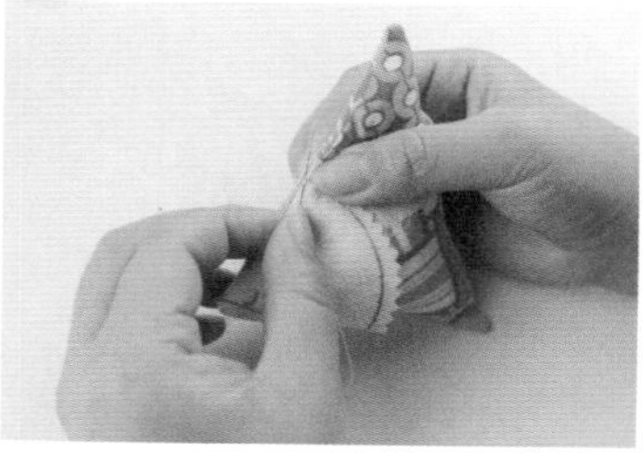

6 按纸样剪下图案布（白色棉布），藏针贴缝鱼脸。

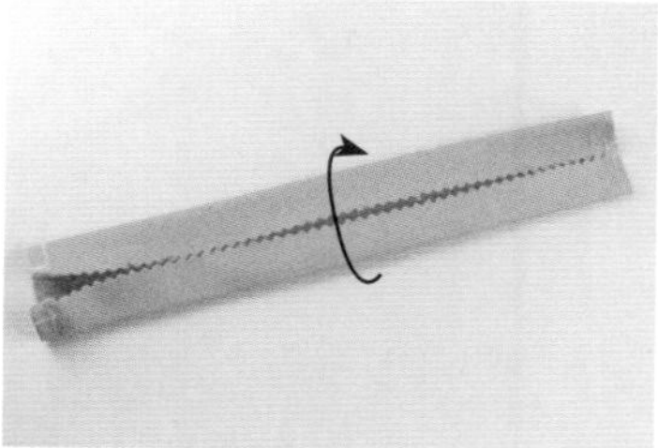

7 按照自家窗帘的围度剪裁布条，两边向内折 1cm 并缝合。然后，先将布条两长边向内折，再对折，缝合开口一侧的长边。

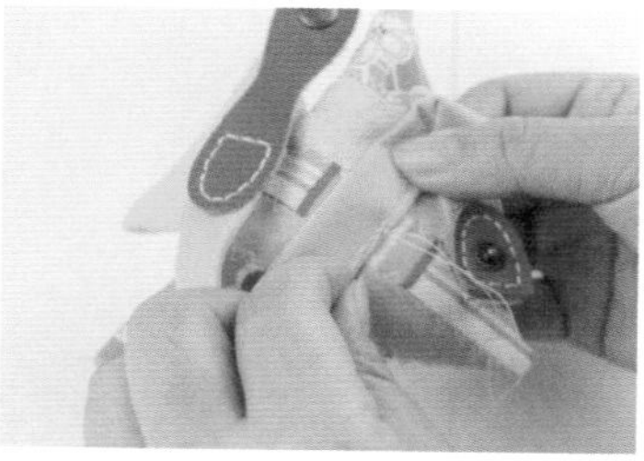

8 在布条两端缝上皮搭扣（也可用魔术贴、磁扣、按扣等代替），将布条缝合在热带鱼的反面。

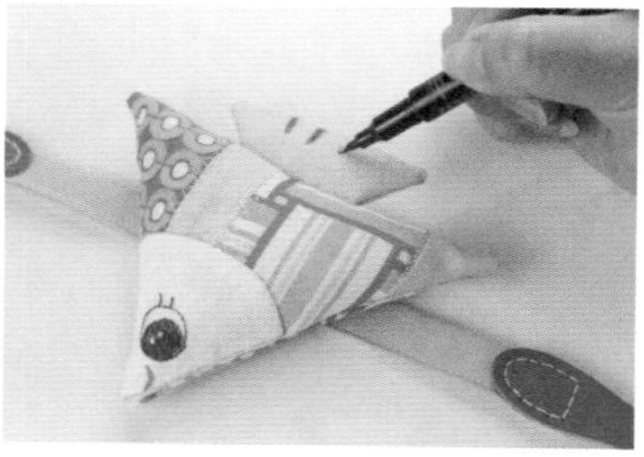

9 用布艺笔给热带鱼画上眼睛和尾巴。完成。

幸运捕梦网

去年我曾想要学习刺绣，于是买了好几个绣绷，
但后来……可能刺绣不适合我，哈哈。
可闲置的绣绷该怎么处理呢？总不能扔了吧，
应该还有别的用处，不过我一直没有想到好的点子，
直到一次旅行途中入住民宿时看到那间捕梦网主题的
房间——对了，就是这个！
于是我做了这个粉粉的捕梦网。据说捕梦网能带来好运哦！

材料

钩编用的毛线，绣绷，粉色素布，各色装饰珠、羽毛等装饰物，装饰花，少量铺棉，圆形塑料片装饰条，UHU 胶水

步骤

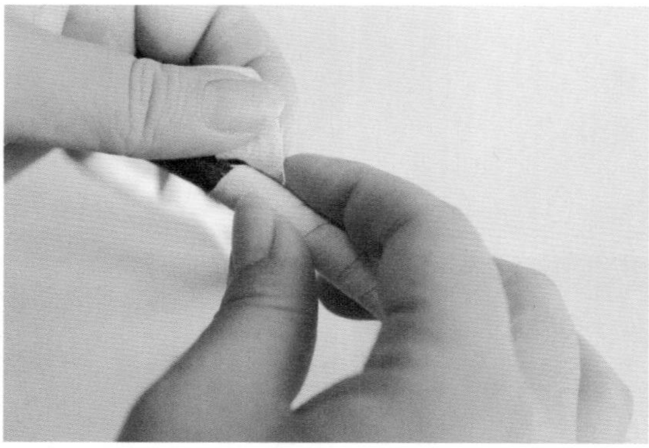

1 剪裁 1cm 宽的布条（约 2m 长），缠在打开的绣绷外框上。

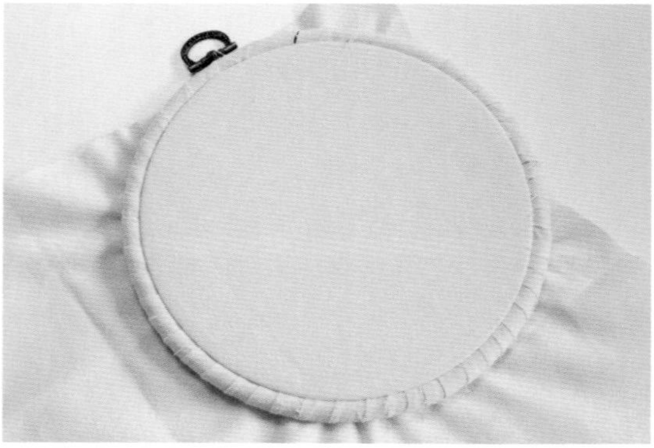

2 将余下的布绷在绣绷内，得到捕梦网的主体。

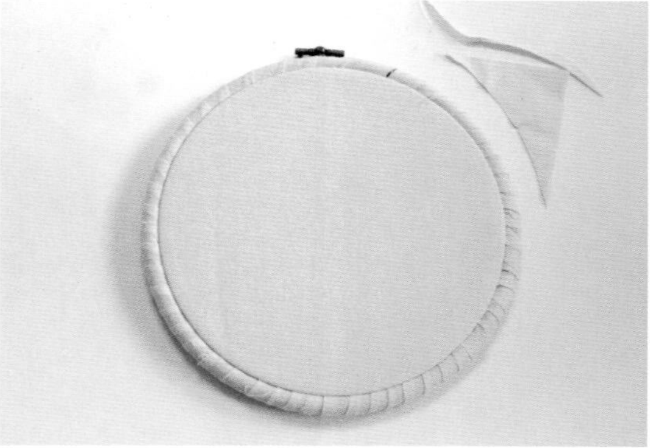

3 修剪掉多余的布。

4 按自己的喜好交叉缠绕毛线。

5 将多余的毛线翻到绣绷背后缠绕系紧。

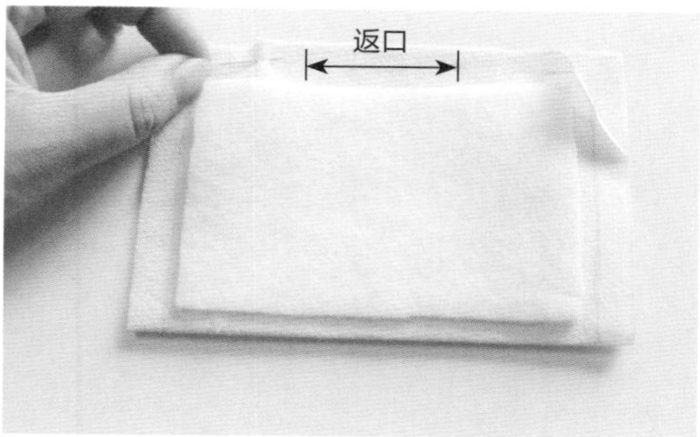

6 剪两片 10cm×5cm 的布（留缝份）。在其中一片上熨烫铺棉，两片布正面相对，缝合，中间留返口。

7 翻到正面，缝合返口，四周粘上圆形塑料片装饰条，从中间捏紧，缝合固定。

8 将装饰花粘在蝴蝶结中心，再将蝴蝶结粘在缠好的绣绷上。

9 截取适当长度的毛线若干根，并穿上羽毛等装饰物，系在绣绷背后，再用 UHU 胶水在捕梦网主体的毛线上粘上闪闪的装饰珠，制作即完成。

编条收纳筐

“哎，改，珠针在哪儿呢？”

“就在桌子上啊，你好好找找。”

“你桌上这么乱，我都找半天了！”

“乱吗？好吧……有些尴尬哈……”

做手工时，零零碎碎的东西总是很多，找起来好烦！看来我确实需要一个收纳小筐了，我希望它能够美观、特别一点儿。想来想去，我想起了小时候姥姥家放毛线球的竹条编筐，再看看手边的碎布条，用布条编个小筐不是更好看？

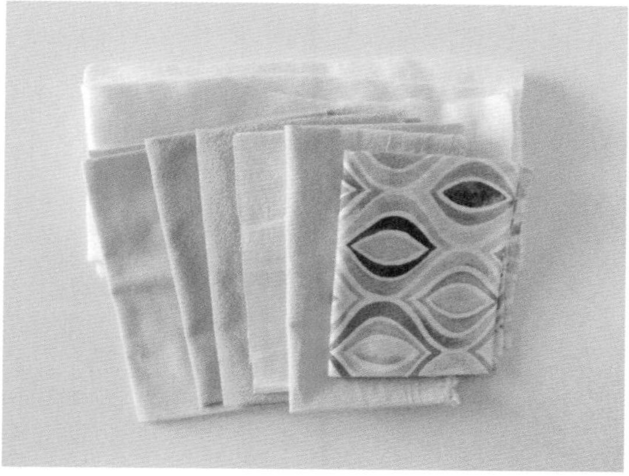

材料、工具

各种颜色的布，铺棉，UHU 胶水，
装饰蝴蝶结，珠针

步骤

1 裁大小相同的编条（12.5cm×3.5cm），共 78 条。

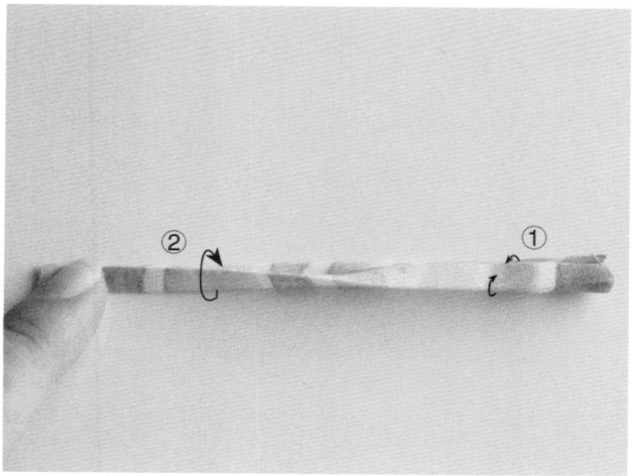

2 先将两长边向内折再对折，压出痕迹后打开，沿折痕将两长边向内折。

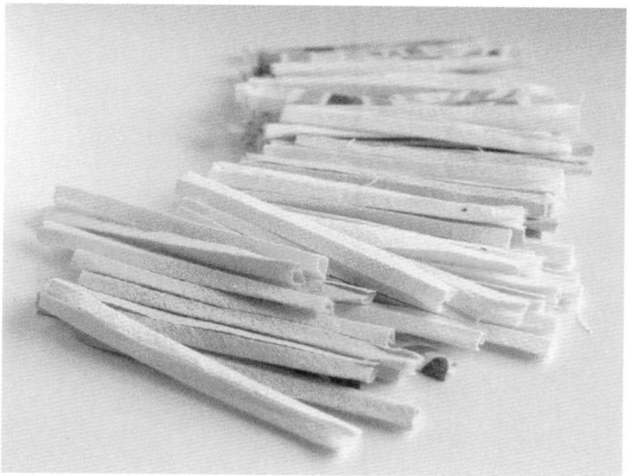

3 将所有编条都按第 2 步进行处理。

4 将编条用珠针按 45° 角斜着固定在加上铺棉的底布（50cm×7cm）上，铺满一层，直到看不到底布。

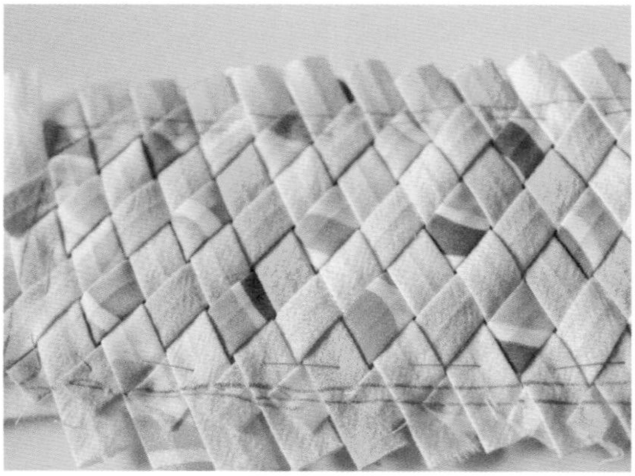

5 第二层按反向 45° 角斜着固定，并将编条与第一层编条穿插摆放，四边疏缝。

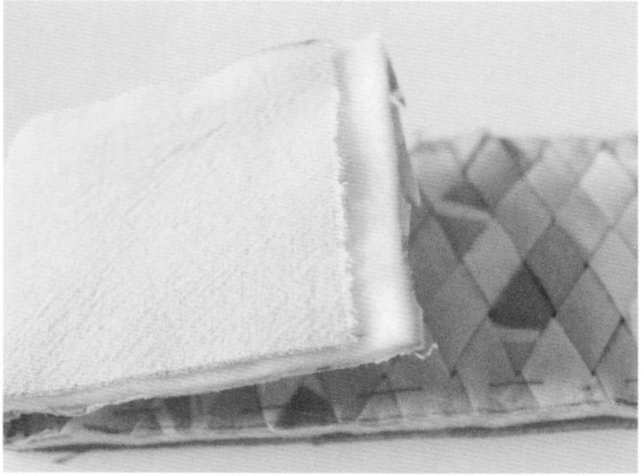

6 裁一条和底布同样大小（50cm×7cm）的里布，放置在另一面的铺棉上，修剪边缘。

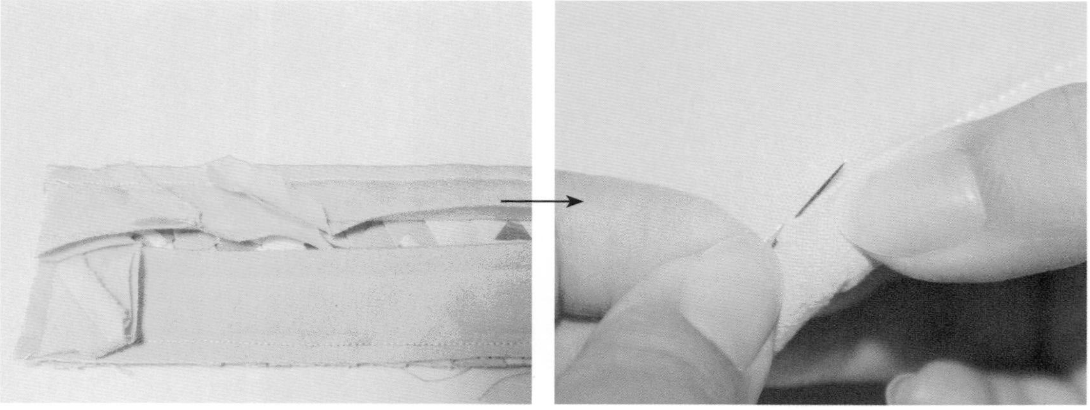

7 进行包边。

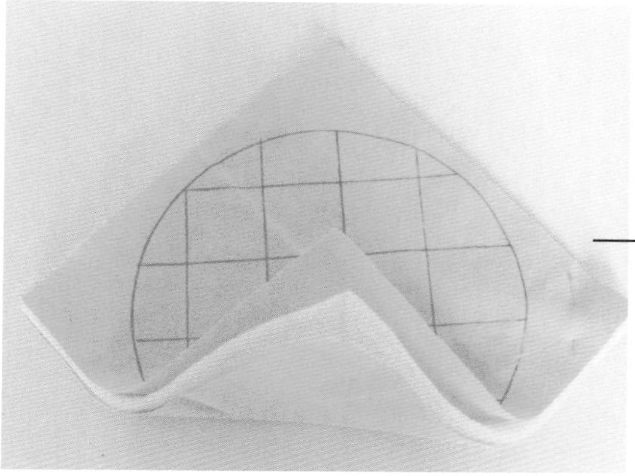

8 对表布＋铺棉＋里布三层进行十字压线，在按外围线迹修剪后包边（圆的直径为 17cm）。

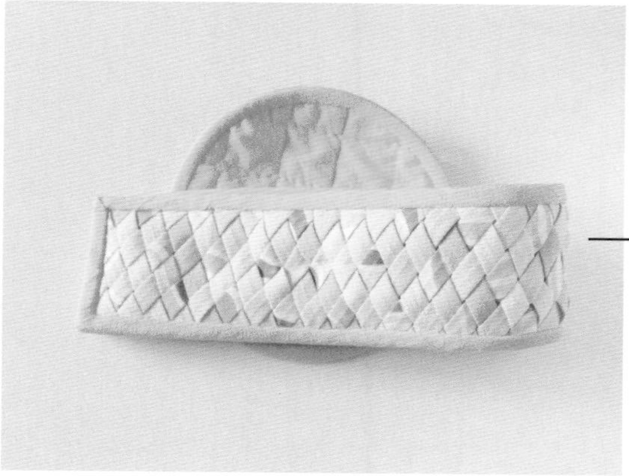

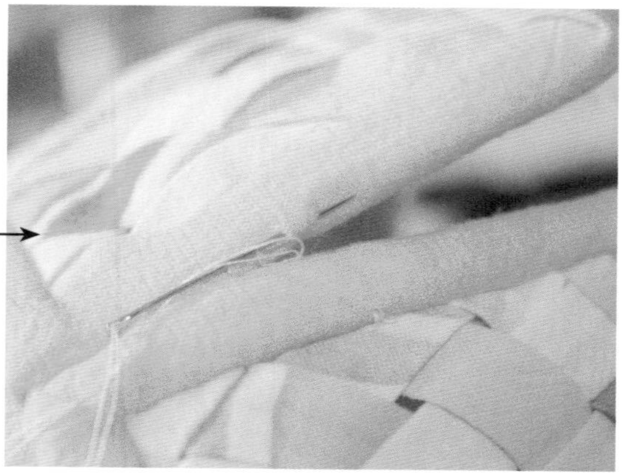

9 用藏针缝将圆底（上一步完成的部分）和编条布拼接缝合在一起。最后在拼接处用 UHU 胶水粘上装饰蝴蝶结。

粘粘族公主挂袋

家有女宝，不管多让人伤脑筋，她都是我的小公主。我一直想给她做个既漂亮又实用的小挂袋，不仅能装饰小房间，还能收纳，一举两得！作为“粘粘族”妈妈，我自然要设计一款具有“粘粘族”特色的公主风挂袋啦！

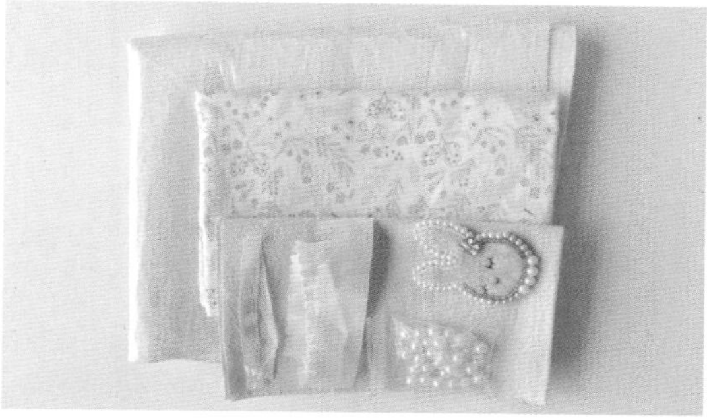

材料

硬衬，花色棉布和素色棉布，绸带，
雪纺花边，装饰珠和配饰

步骤

1 将雪纺花边用平针缝方法穿起，抽紧。

2 制作适当尺寸的圆形纸样，沿纸样剪下两片硬衬和两片花色棉布（留缝份），将花色棉布裹在硬衬上，边缘平针缝起并抽紧。

3 将抽紧的雪纺花边固定在一个圆片的边缘。

4 沿纸样剪下半圆形的素色棉布（留缝份）和硬衬各一片，将硬衬放置于素色棉布内，将半圆形的素布折边，包裹于另一片花色圆形上，平针缝，抽紧，做外袋。

5 在花色棉布弧形边缘中心位置固定绸带挂绳。

6 缝上（或粘上）配饰和装饰珠。

7 将剩余的雪纺花边固定在外袋（素色棉布）的直边上，制作完成。

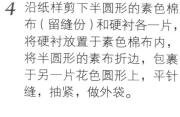

喵小方首饰挂袋

做手工的人都喜欢囤积布料和配件等，我家里就存了不少用不上的钥匙排配件，我想了很久，除了做钥匙包还能如何使用。后来，我终于想到了这款喵小方首饰挂袋，既能装饰家居，又能挂首饰，逗趣又可爱。

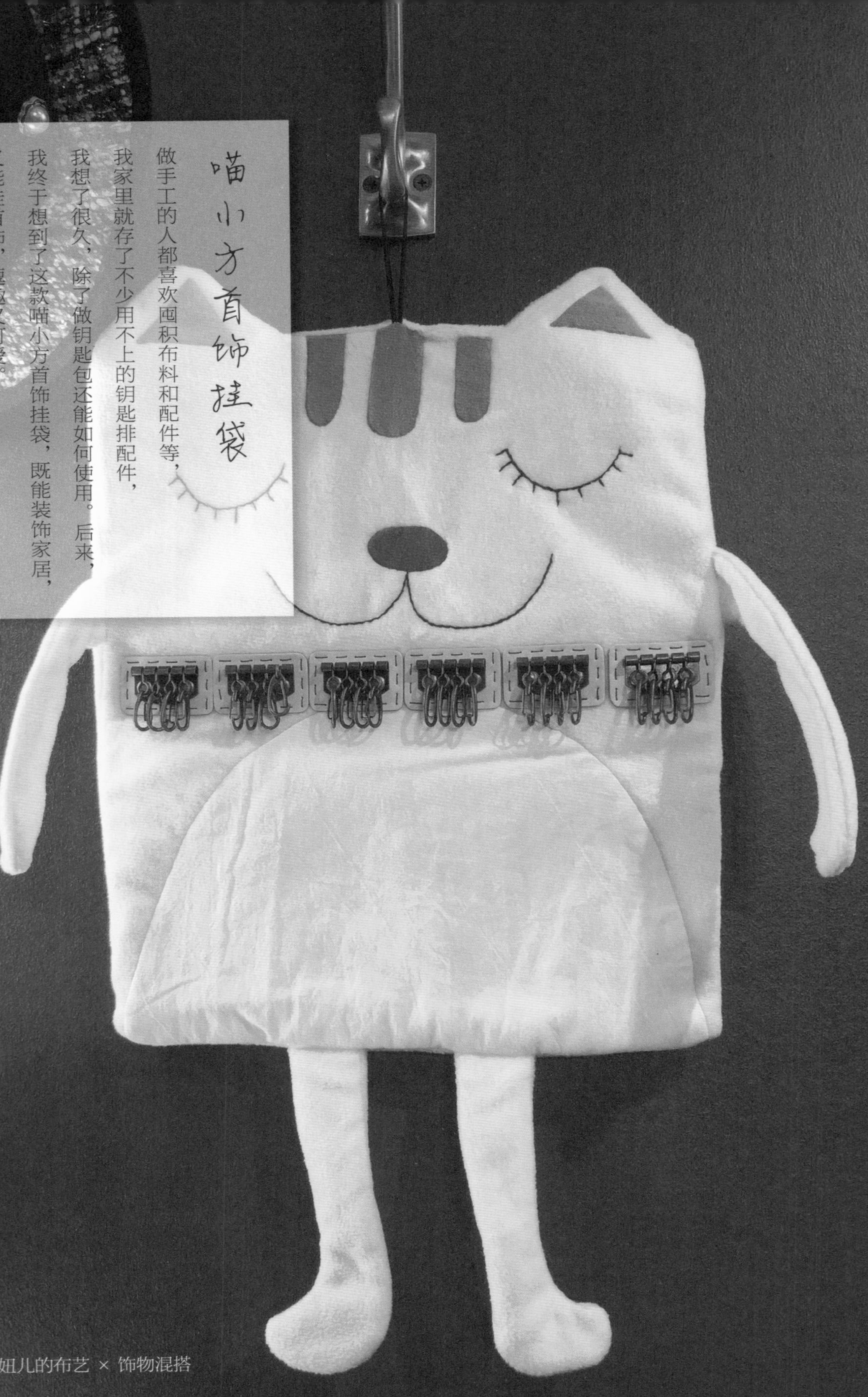

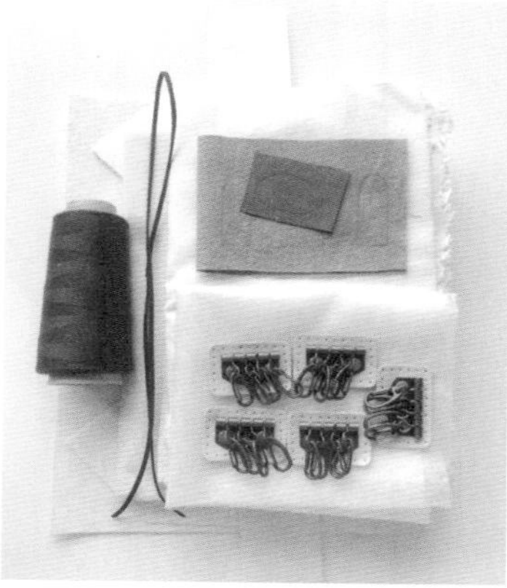

材料、工具

黄色毛绒布，白色先染布（做肚皮），灰色先染布（做耳朵和花纹），棕色先染布（做鼻子），五个钥匙排，一根皮绳，紧致铺棉硬衬，棕色绣线，熨烫型布艺双面胶，花边剪

先染布：

先将线染好色，再织就而成的布料。

步骤

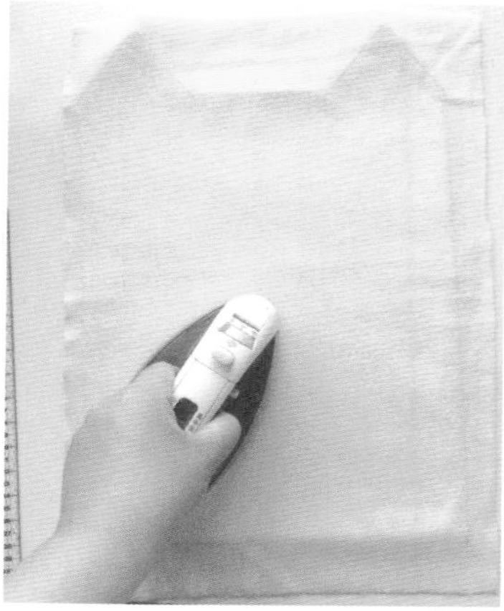

1 将硬衬按完整纸样的轮廓剪下，铺于毛绒布下方，加布艺双面胶后进行熨烫。

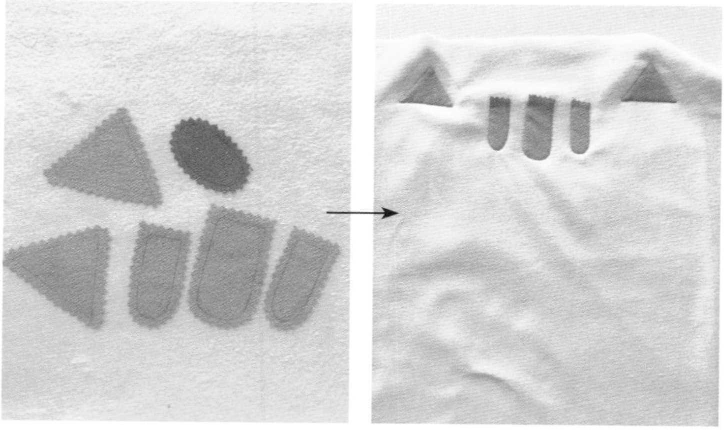

2 将灰色先染布和棕色先染布按纸样剪下，贴缝在相应位置。

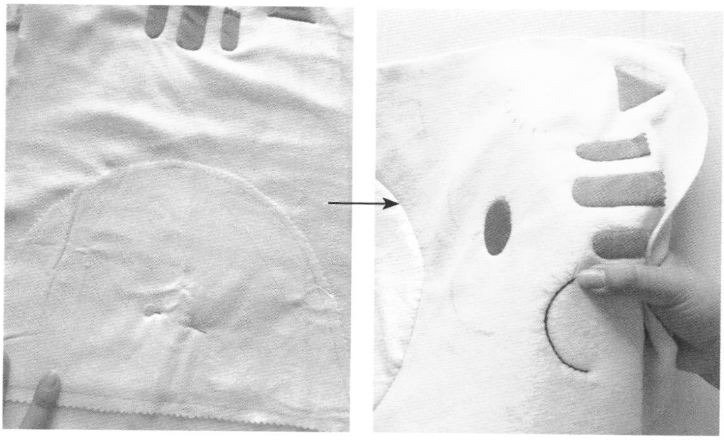

3 将白色先染布（肚皮）按纸样剪下，贴缝；画好表情，进行刺绣。

回针绣

轮廓绣

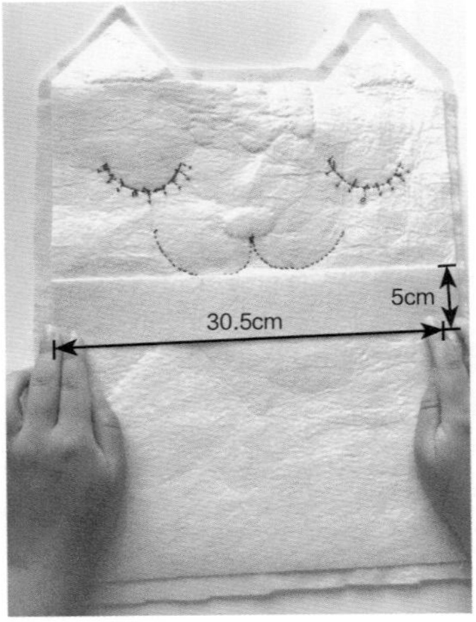

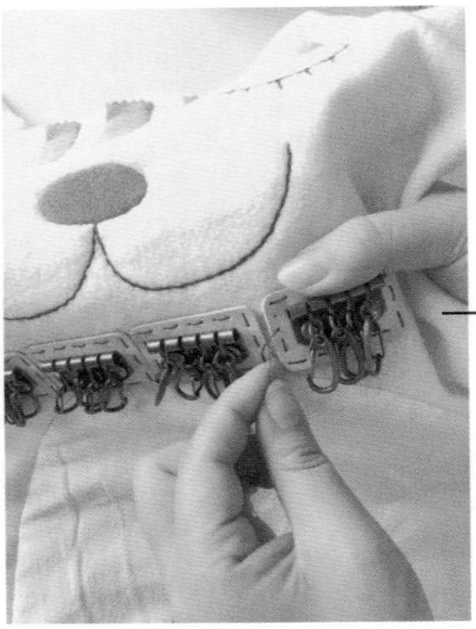

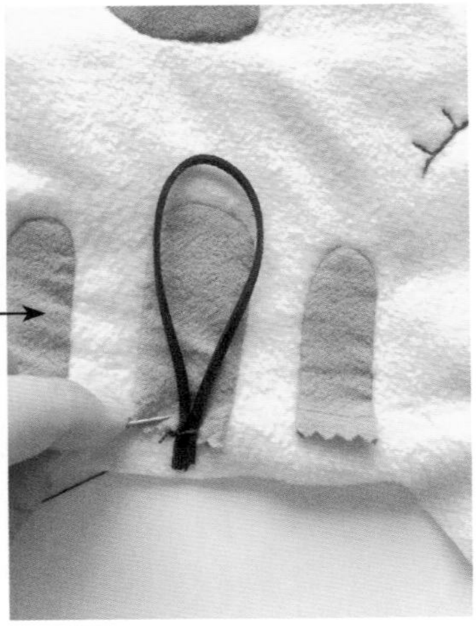

4 剪下 30.5cm×5cm 的硬衬，做固定条，按图示熨烫在背面。

5 缝上钥匙排和挂绳（皮绳）。钥匙排缝在固定条的所在位置，并且线要穿透固定条。

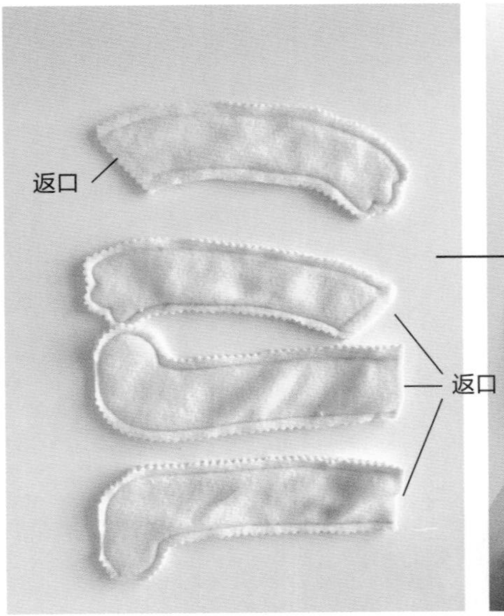

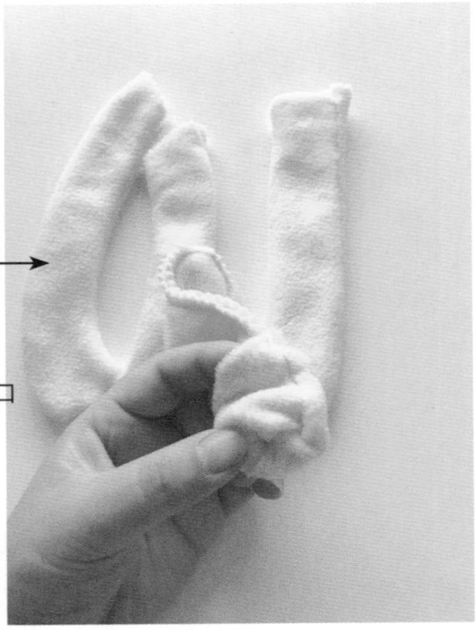

6 按纸样画好四肢，正面相对，缝合（留返口）后修剪，然后翻到正面。

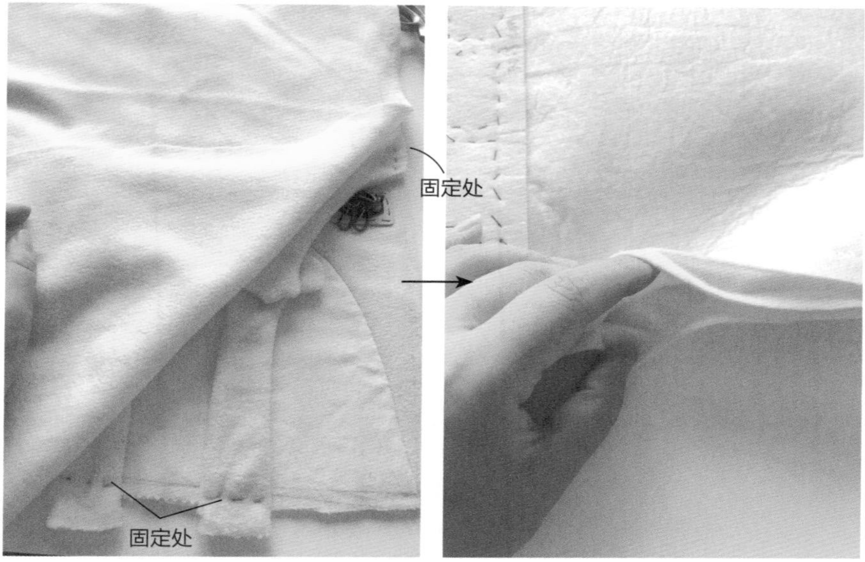

7 将四肢固定在表布上。覆盖按纸样轮廓剪好的背布，沿边缘缝合并留拳头大小的返口。

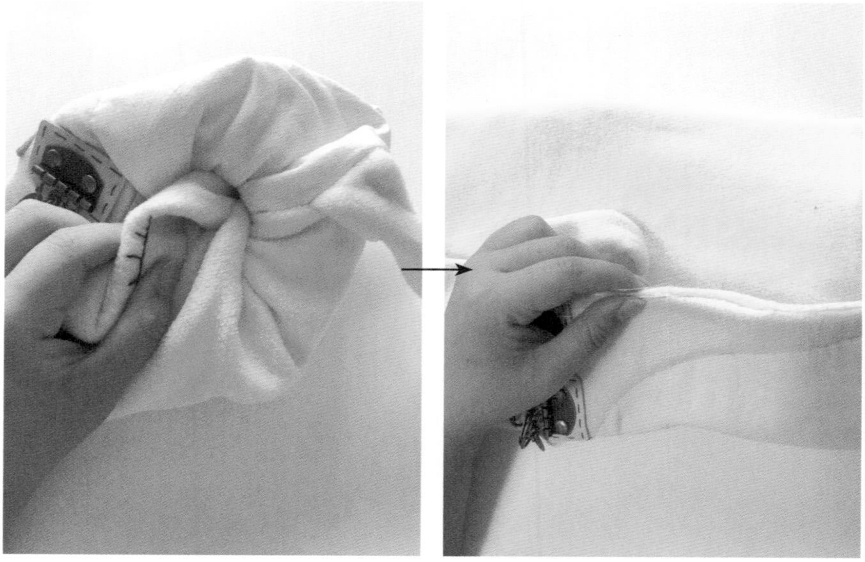

8 翻到正面，藏针缝返口处，制作完成。

第二章

穿搭布艺 × 饰物混搭

甜甜圈发箍

颜色鲜亮的印满甜甜圈的布料，
不用搭配什么就已经很抢眼，
于是我用它简单地做了一个发箍。
春天的时候去踏青，戴着它就能拍美美的照片啦！

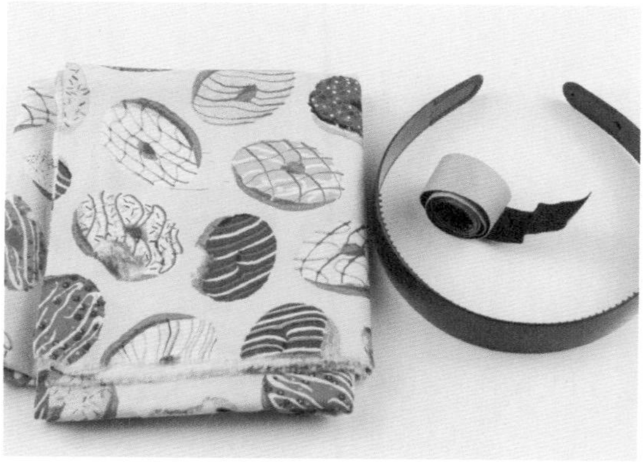

材料、工具

甜甜圈图案的布料，黑色发箍，封口胶带，热熔胶，热熔胶枪

细条形布料翻到正面的方法：

可以先缝合一端，然后借助小细棍或筷子，顶住缝合端，将其翻至正面，最后拆开缝合端即可。

步骤

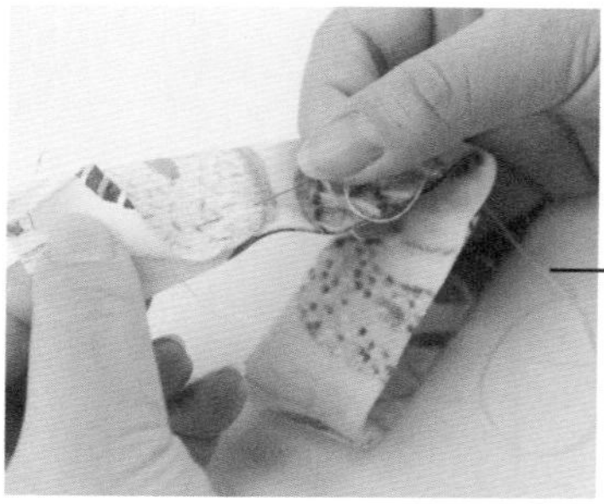

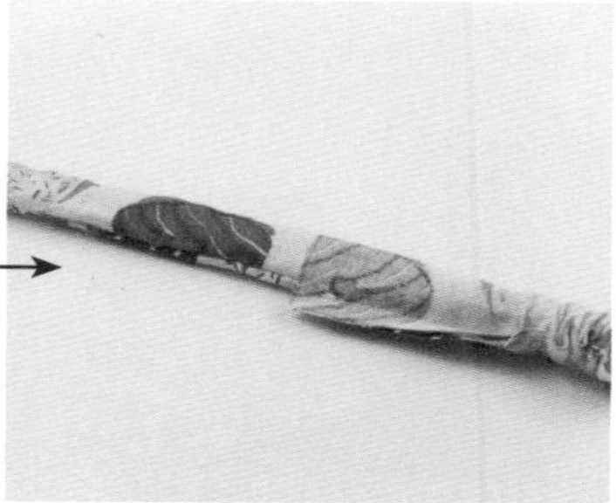

1 将剪好的长布条（40cm×6.5cm，含缝份）对折，缝合长边，两端不缝，翻到正面。

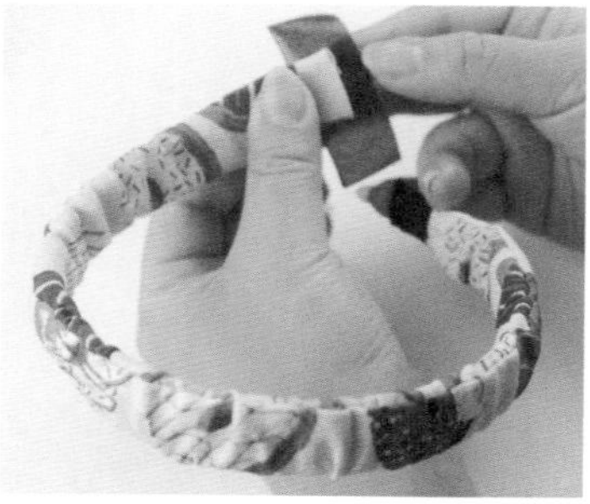

2 穿入发箍，在两端粘上封口胶带。

3 按纸样剪下蝴蝶结的两片尖条布（留缝份），正面相对，缝合边缘，留返口，翻到正面。

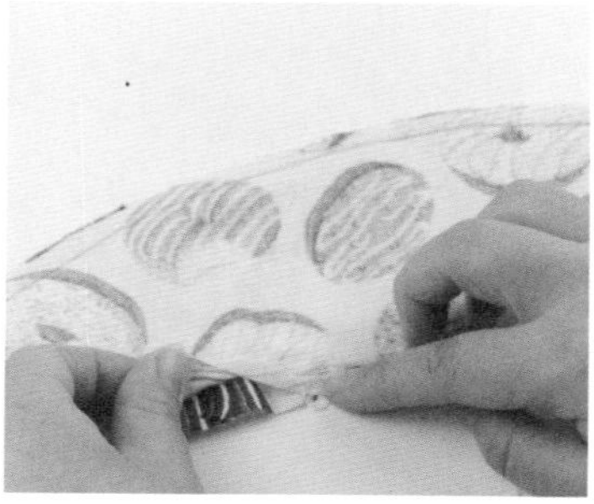

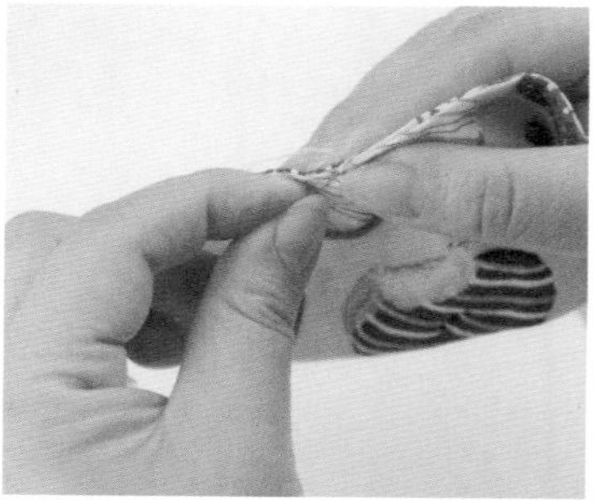

4 藏针缝合返口后，系扣变成一个蝴蝶结。

5 用热熔胶将蝴蝶结粘在发箍上。完成。

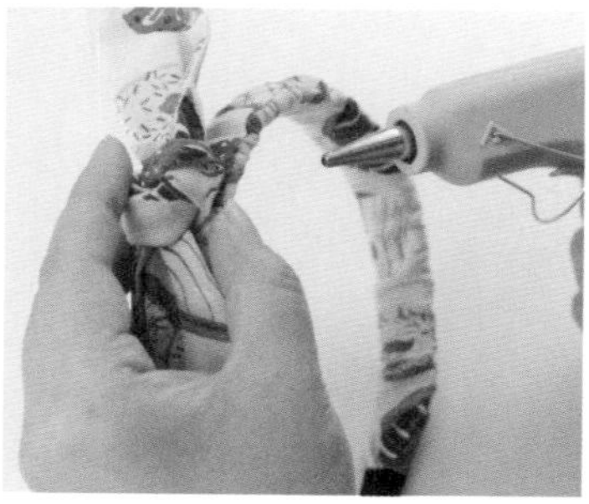

棒棒糖项链

在便利店买东西的时候，看到收银台前摆放着巨大的螺旋棒棒糖，我的少女心刚要蠢蠢欲动，就看见自家娃儿满眼星星地望着它。不行！为了不让娃儿吃糖，我可是在卧室偷嘴时听见“妈妈”就立马将嘴边的冰激凌捂被窝呢！于是我赶紧开动脑筋：“小 A 啊，这个棒棒糖好看吧？妈妈给你做一款可爱的棒棒糖项链，怎么样？明天穿毛衣的时候戴上，肯定很好看！”爱臭美的她立即就被转移了注意力。成功！

这条项链的每一颗珠子都有它专属的甜蜜，或温馨，或单纯，或浪漫，也满足了我那颗萌动的少女心。

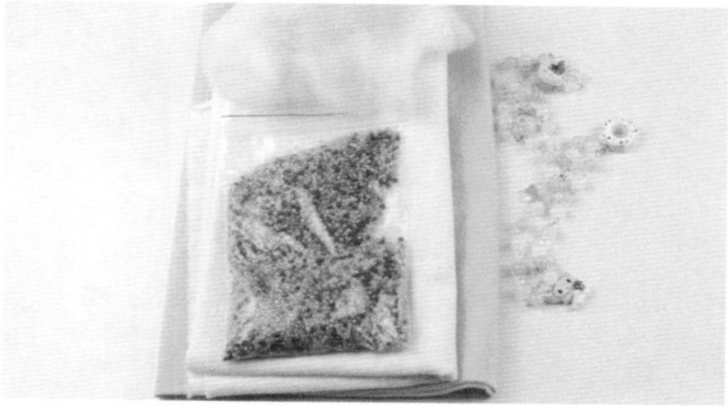

材料、工具

两种颜色的布，填充棉，米珠，珠子项链，花边剪，丝带

步骤

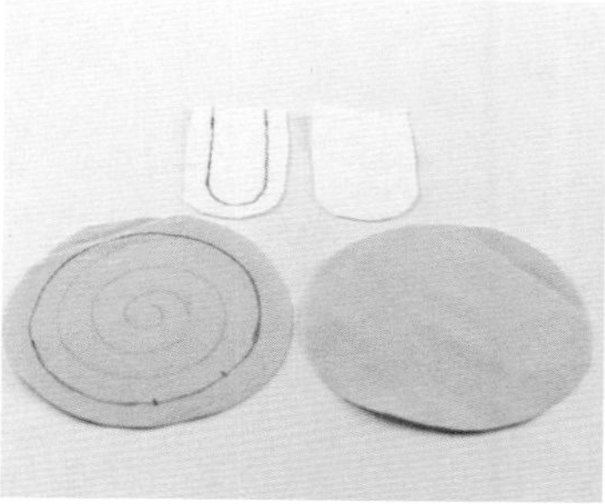

1 按纸样剪下两种布，在一片圆布上描画螺旋线迹。

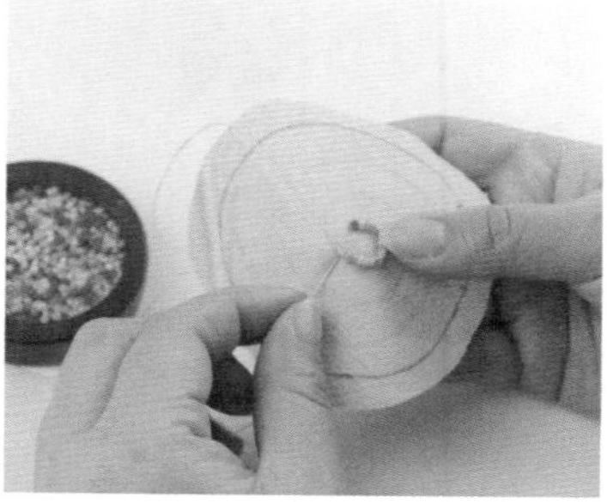

2 将米珠按照螺旋线迹缝在布上（也可以直接用胶粘上）。

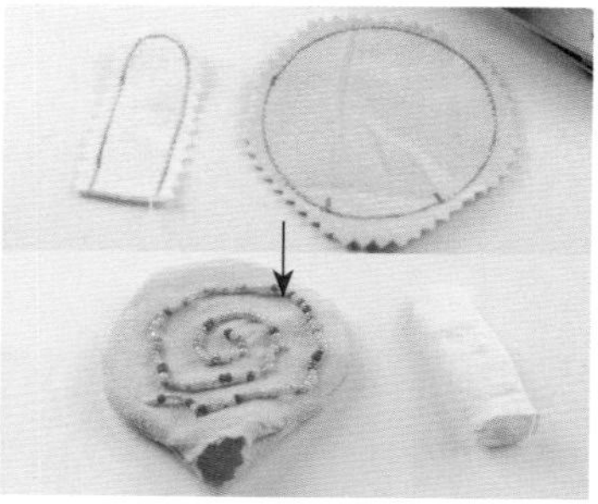

3 将相应的两片布正面相对（米珠在内侧）缝合，留返口，修剪边缘，然后翻到正面。

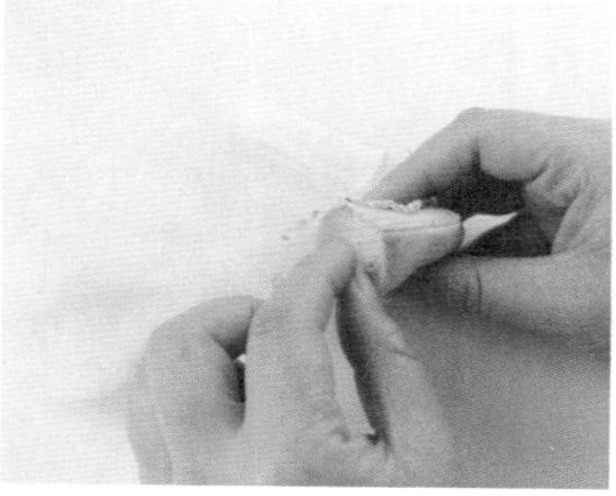

4 从返口处塞入填充棉。白色棒也同样操作。

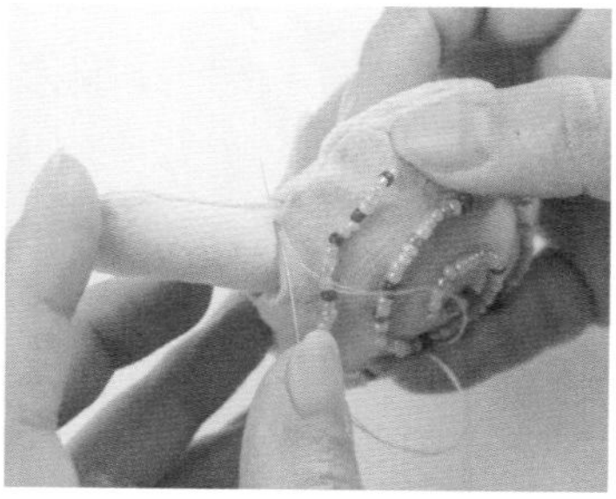

5 先将白色棒塞入返口，再将针穿过白色棒，用藏针缝方法固定。

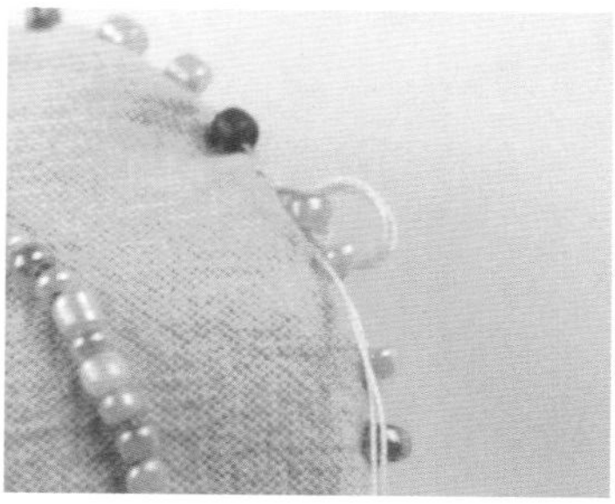

6 用米珠装饰边缘和白色棒。

7 将穿好线的针从棒棒糖顶端穿过，连接珠子项链，制作完成。

8 也可装饰丝带蝴蝶结。

自制珠链

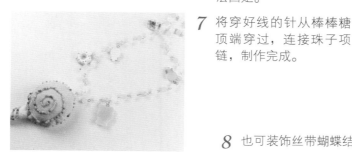

布艺趣味别针

有一些定位布，单独使用就会很好看，于是我们想用其做几个装饰别针，可以别在包或衣服上，颇为活泼。

由于制作简单，因此这款别针非常适合新手制作。

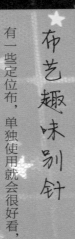

材料、工具

定位布，素色背布，填充棉，
小别针，UHU 胶水，花边剪

步骤

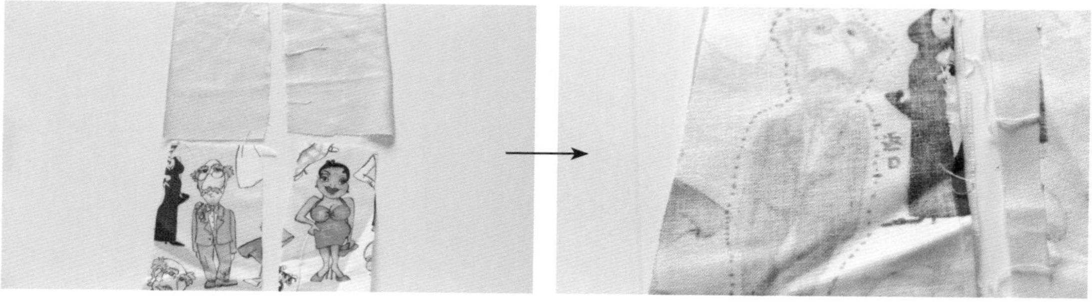

1 将定位布和背布剪下，使它们正面相对，按照人物的边缘缝合，然后选择相对平整的一边留返口。

2 缝合后用花边剪沿线迹外 5mm 处进行修剪，在转折较大的地方（见图中箭头所指处）剪一刀，注意不要剪到缝线。

3 翻到正面。

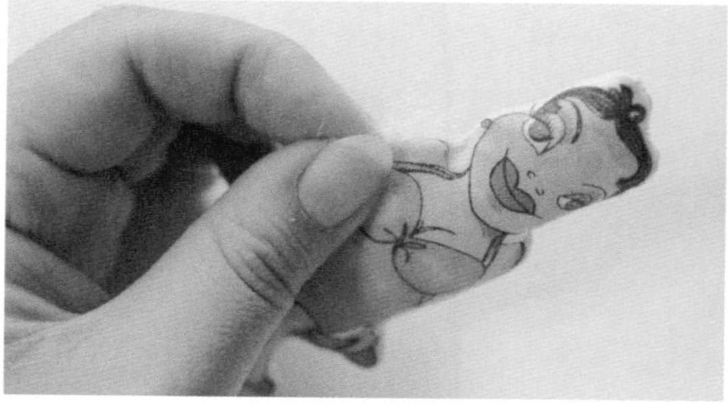

4 塞入填充棉，缝合返口。

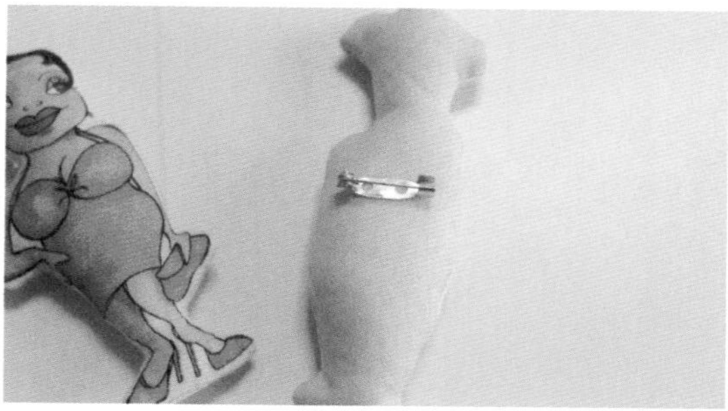

5 用 UHU 胶水在背面粘上别针，再以缝线加固。

爱的表白旗

清晨的光催我们长大，爱的种子悄悄发芽。不知不觉间弟弟已然成年，也有了心爱的姑娘。两人来家里玩的时候，我这老姐可没少「吃狗粮」。为了眼不见为净，这天我正躲在屋里看电视，弟弟进来还反手把门关上了。我眉头一挑，心想「这是有事儿啊」。「姐，你教我做个东西呗，我被某人嘲笑了……她翻着手机里的手工客app，看着那些帅哥做的手工，嘲笑我手笨！嘿嘿，不过，教我个简单点的哈。」我忍不住给他一个大白眼，说道：「行吧，帮你。」走过的路，就是爱的开始。爱，告诉她(他)！

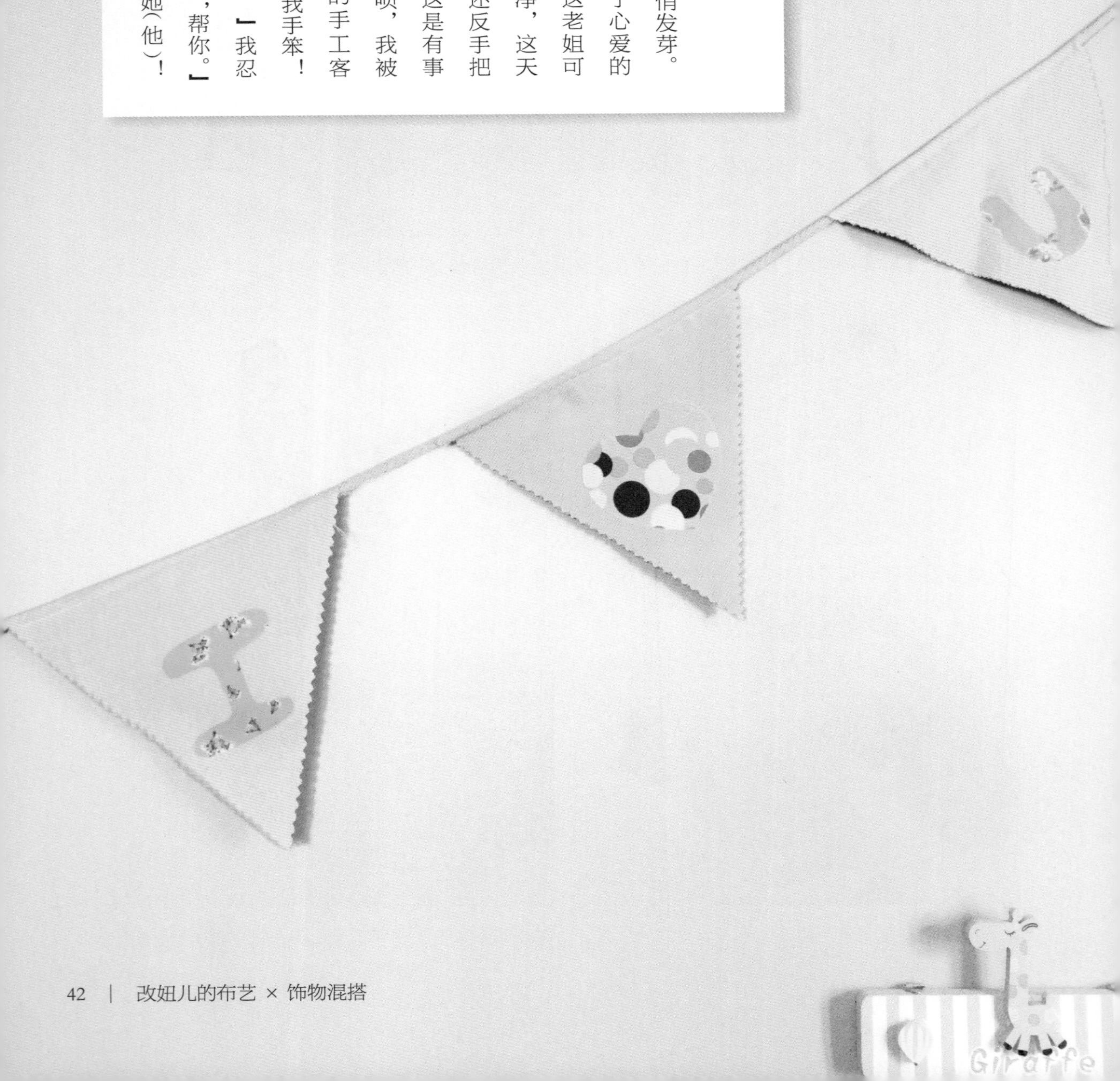

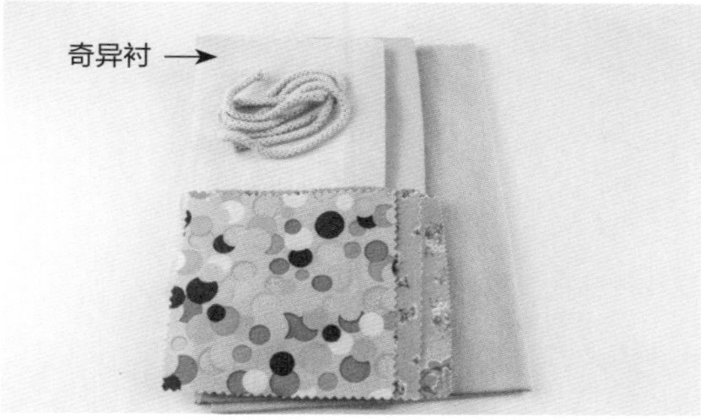

材料、工具

三种花布，奇异衬，两种素布，
一条棉绳，花边剪

奇异衬：

一种带背胶的布用衬，可以熨烫两边固定布片，多用于机缝贴布固定。

步骤

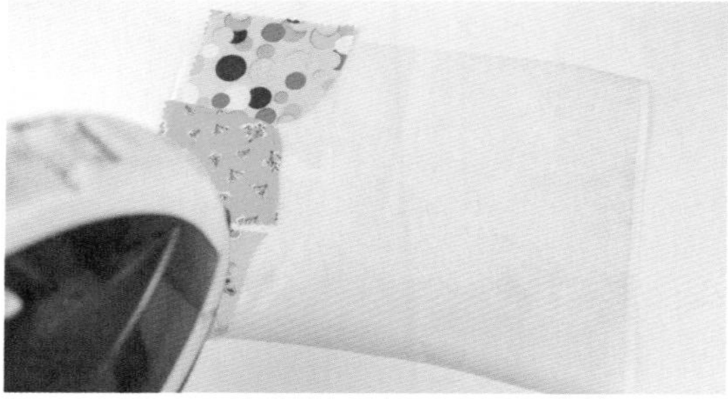

1 将三种花布粗略剪下，熨在奇异衬上，按纸样修剪成字母和心形。

2 按纸样剪下素布，再按纸样剪 3 片三角形奇异衬，用素布分别包裹奇异衬，并熨烫固定。

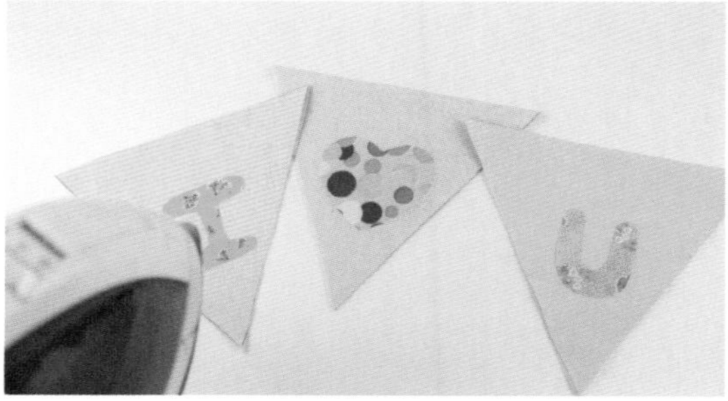

3 将字母形和心形花布熨烫在素布中央。

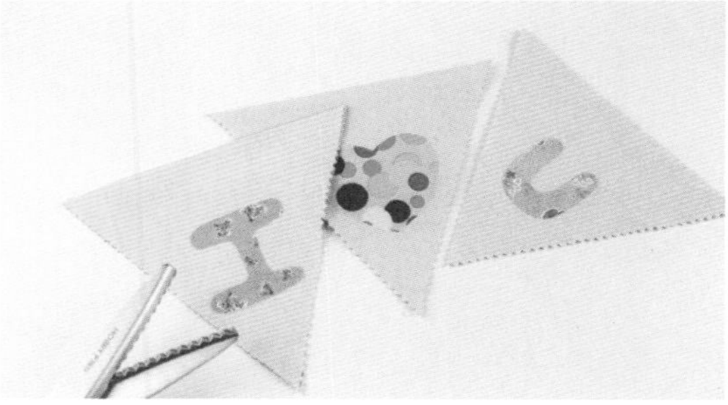

4 按图示用花边剪将三角形布的两条边剪出好看的花边。

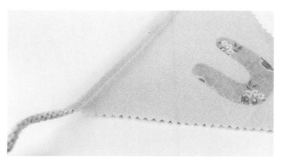

5 将棉绳穿过三角形布的直边（素布对折后的连接处），缝合固定。完成。

多肉盆栽首饰盒

多肉植物已风靡多时，

我们曾经用多种手工材料做了不少仿真多肉植物，

这次改用布艺的方式尝试做一款“多肉盆栽”。

我们还在底部用了能放饰品的小盒子，增加了收纳功能，既实用又美观。

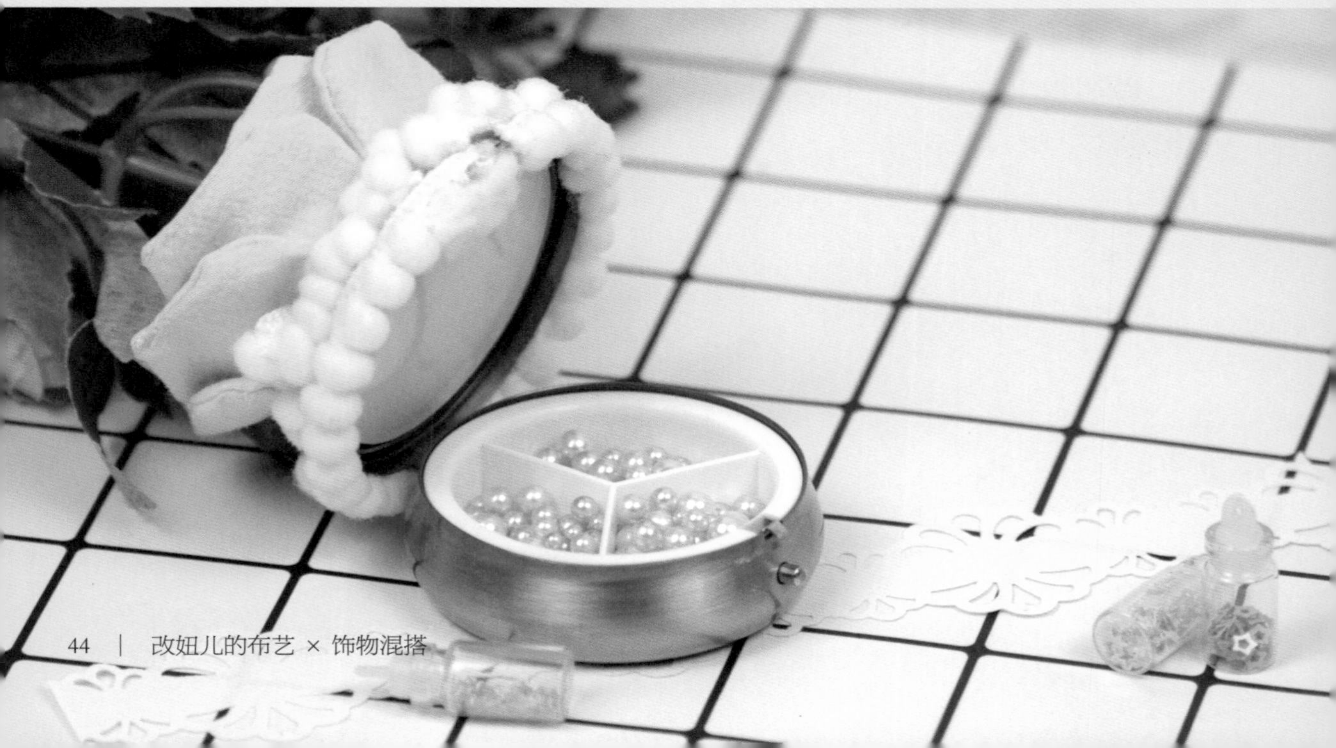

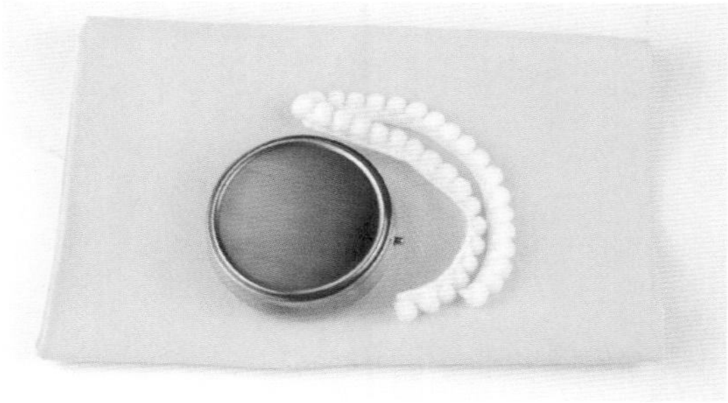

材料、工具

圆形首饰盒，绒球花边，绿色水洗棉布，花边剪，UHU 胶水，热熔胶，热熔胶枪

步骤

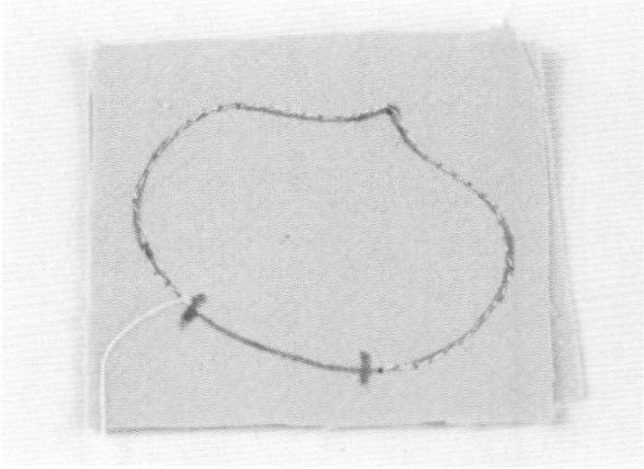

1 在一片布上按纸样画出多肉叶子，然后覆盖在第二片布上，缝合叶子边缘并留返口。

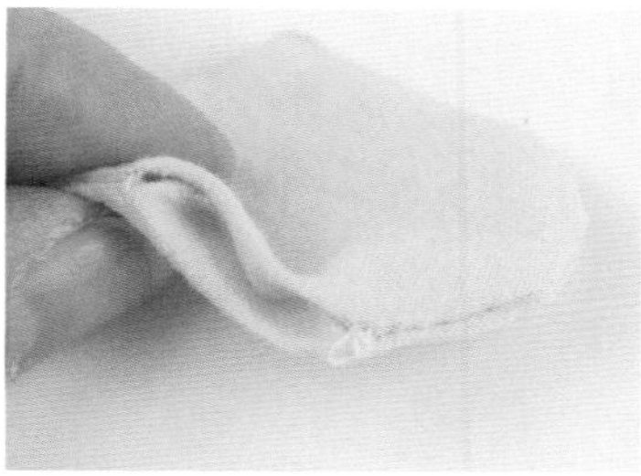

2 用花边剪修剪边缘后翻到正面，缝合返口。

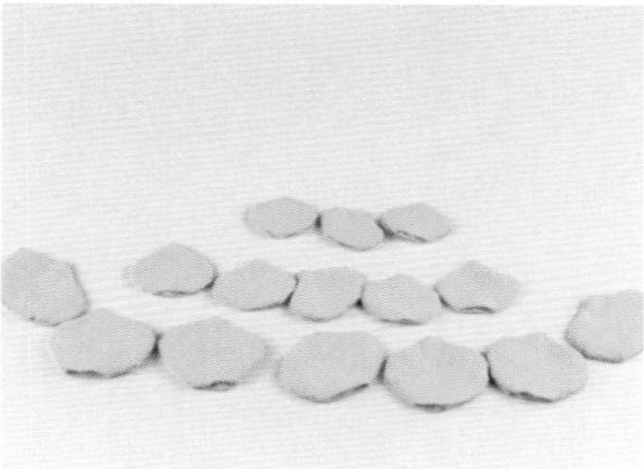

3 重复第 1、2 步，制作 15 片多肉叶子，包括大号 7 片，中号 5 片，小号 3 片。

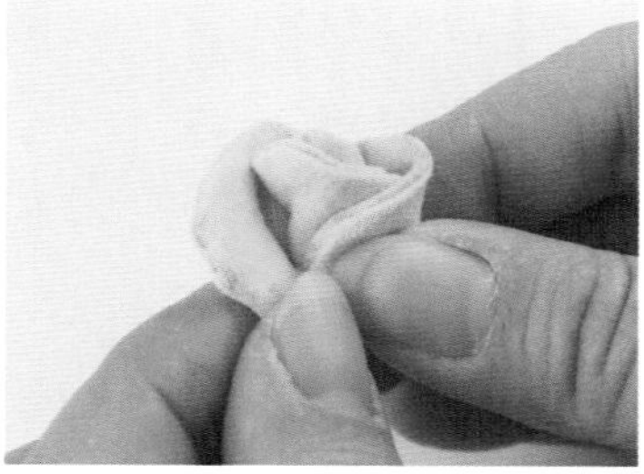

4 用 3 片小号的叶子做心，卷起相互包裹，用UHU胶水粘住。

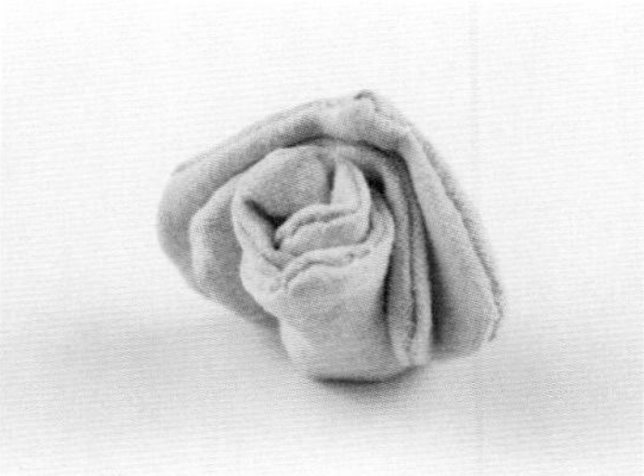

5 再取中号叶子紧紧包裹住心。

6 再在外围包裹黏合大号叶子，完成多肉植物的造型。

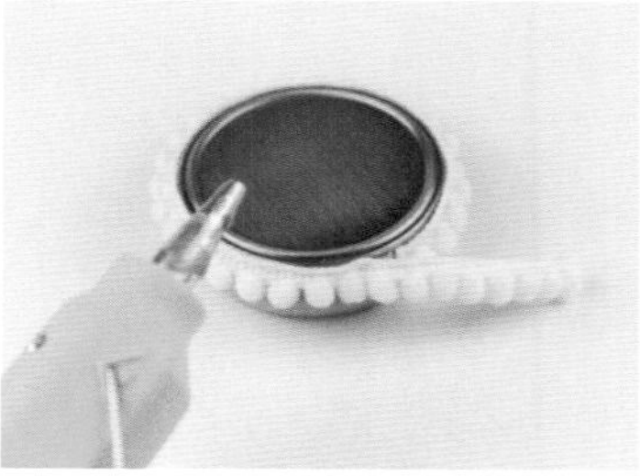

7 将绒球花边用热熔胶粘在首饰盒盖子的外围。

8 在首饰盒盖上粘上多肉植物，就制作完成了。可在多肉植物底部也粘些绒球花边来做进一步美化。

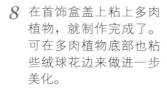

爱心绕线器

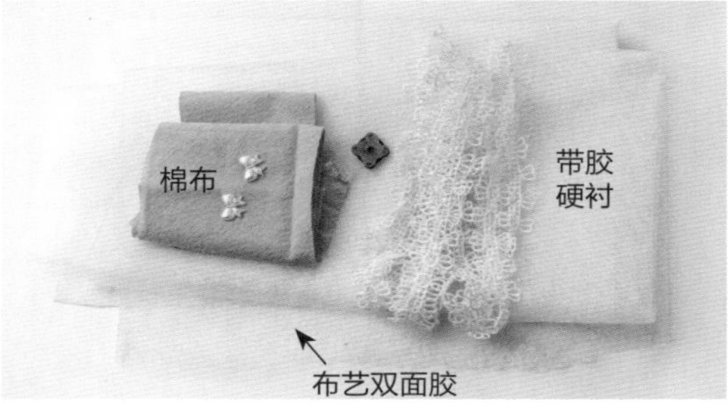

材料、工具

棉布，花边，带胶硬衬，布艺双面胶，手缝磁扣，装饰配件，花边剪

步骤

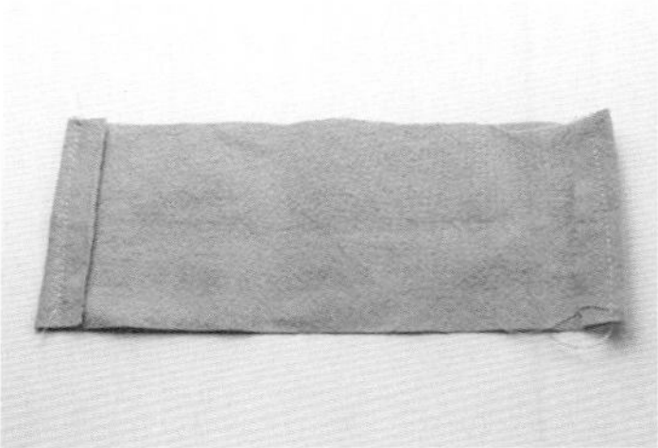

1 裁剪 20cm×7cm 的棉布一片，将两侧短边向内折 1cm，缝合。

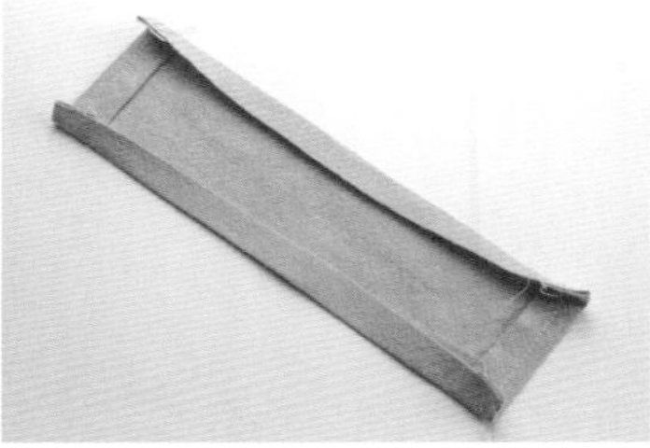

2 将两条长边向内折 1cm。

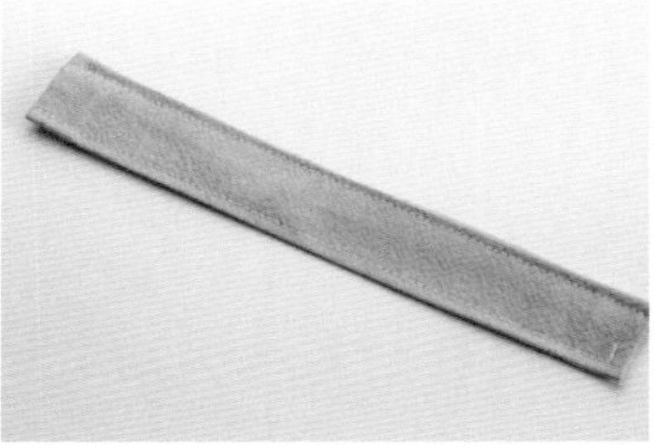

3 沿长边方向对折后缝合两边。

4 将花边缝在布条上。

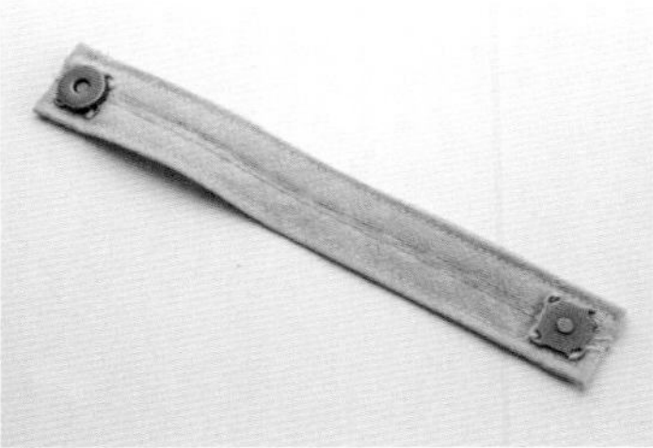

5 翻转布条，在两端缝上磁扣。

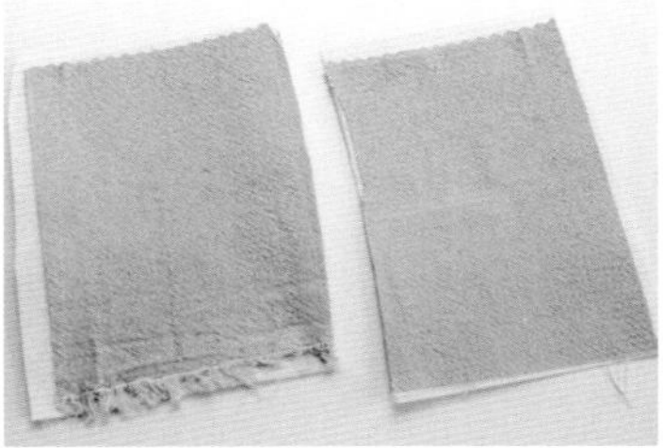

6 剪两片棉布，并将其分别熨烫在带胶硬衬上。

7 将两片布的硬衬面相对，在中间夹上布艺双面胶，继续熨烫，使两片布粘在一起。

8 将熨烫好的布片按制作的适当大小的纸样用花边剪裁下两片心形布片。

9 将两片心形布片分别粘在布条两侧，再粘贴装饰配件。

兔子手机壳

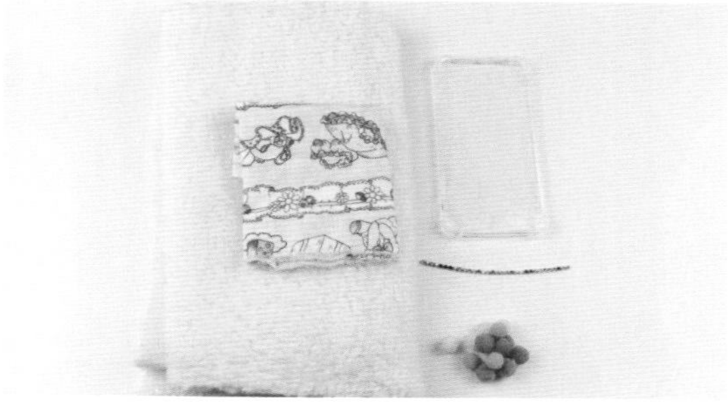

材料

毛绒布，花布，彩色毛球，彩色钻链，手机壳，UHU 胶水

步骤

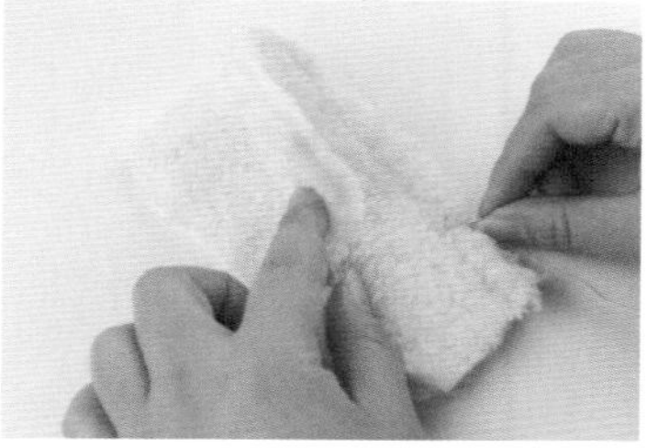

1 按纸样裁剪毛绒布 4 片，分别两两正面相对进行缝合，一侧短边不缝。

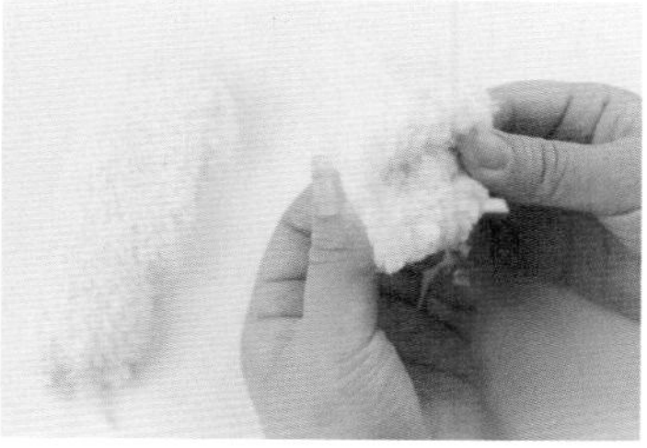

2 翻到正面。

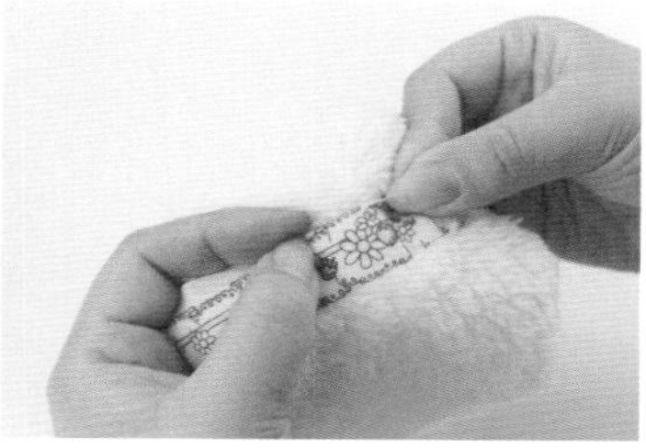

3 剪一条花布，向内折边后藏针缝在一片比照手机壳剪好的毛绒布上（整体比手机壳大一圈）。

4 再剪一片圆形毛绒布，平针缝合四周并拉紧，作为兔子尾巴（喜欢硬挺质感的朋友可塞一些填充棉）。

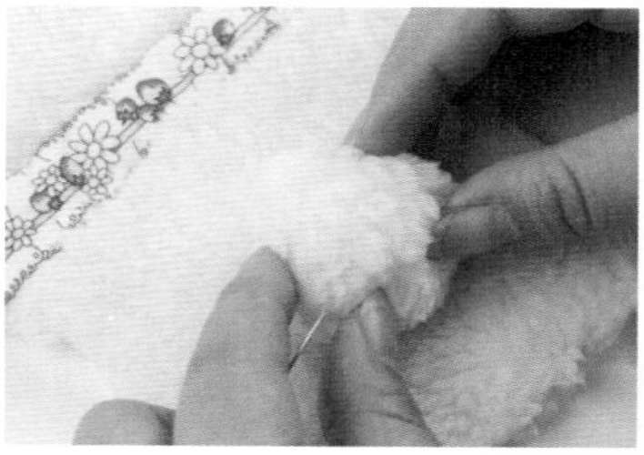

5 将尾巴缝在手机壳大小的毛绒布中间靠下的位置。

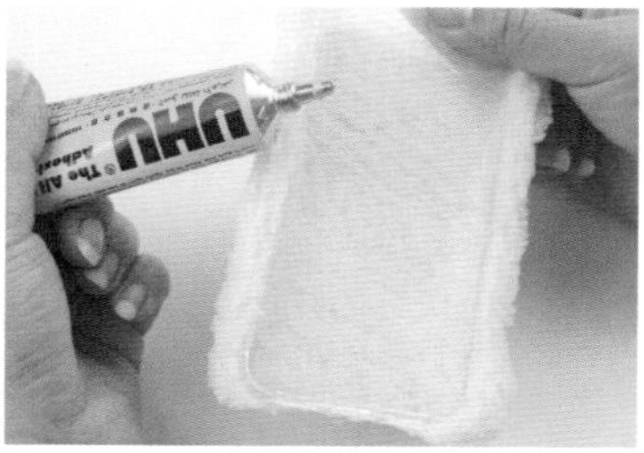

6 将制作完成的毛绒布用 UHU 胶水粘在手机壳上。注意上下不要粘反了，兔子尾巴在下方。

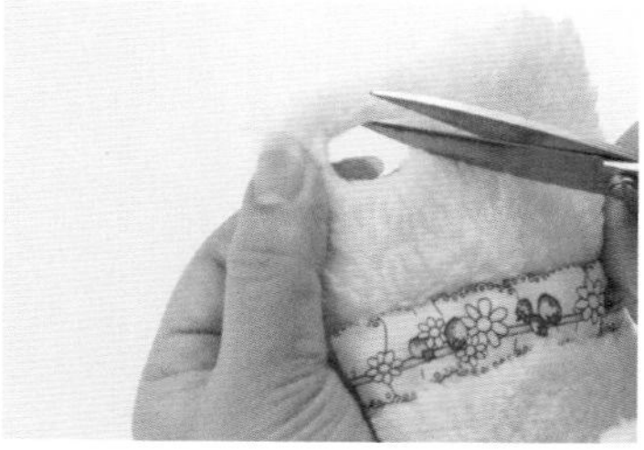

7 按手机壳形状修剪多余的布料。

8 用 UHU 胶水粘贴彩色钻链，以装饰相机镜头。

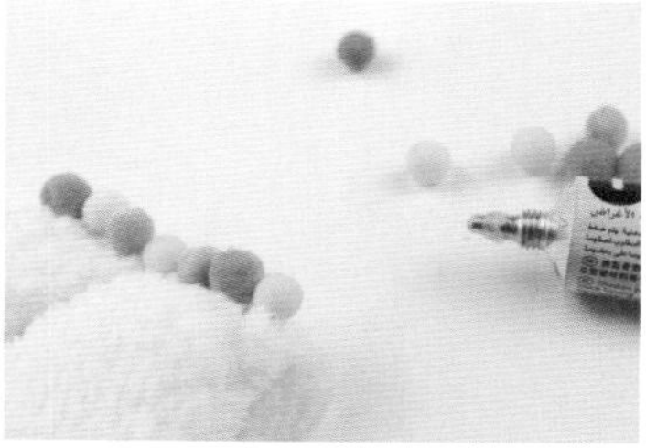

9 将兔耳朵粘在主体上边缘后，再粘贴彩色毛球。

音乐盒

音乐盒

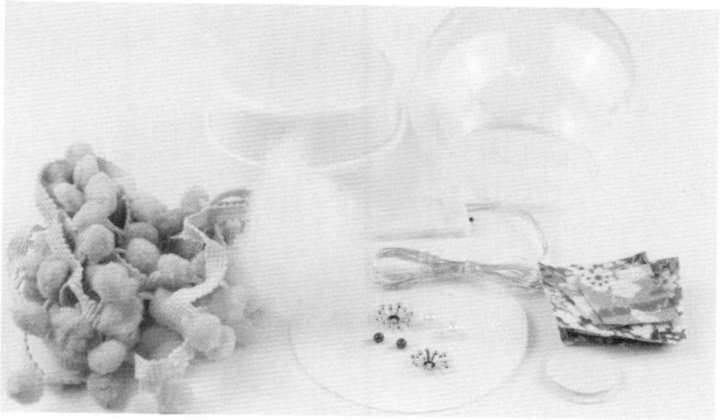

材料、工具

椭圆形布块1片，金属花心、红珠子等装饰物，圆形无纺布2片，绒球花边，灯串（带开关），音乐盒基座和罩子，填充棉，正方形花布5片，热熔胶，热熔胶枪

步骤

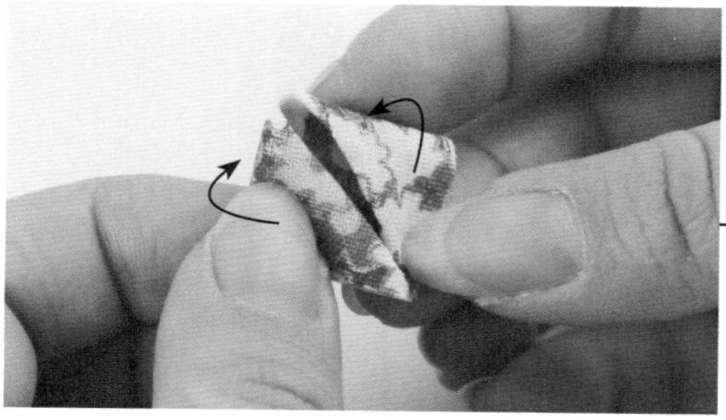

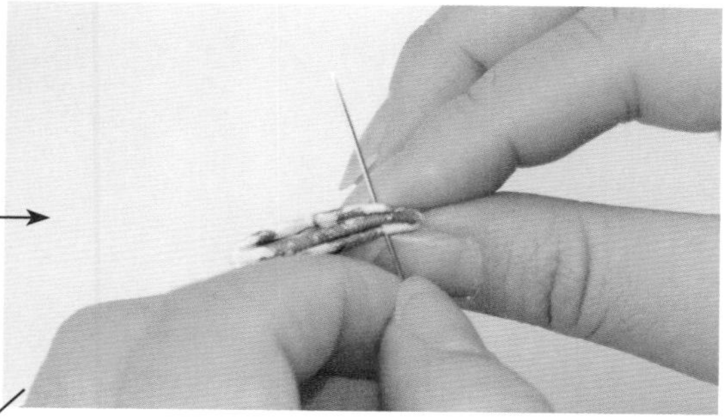

1 将正方形花布先对角折成三角形，再将三角形的两个锐角折向直角，最后将布向背面对折并缝合。共制作5个。

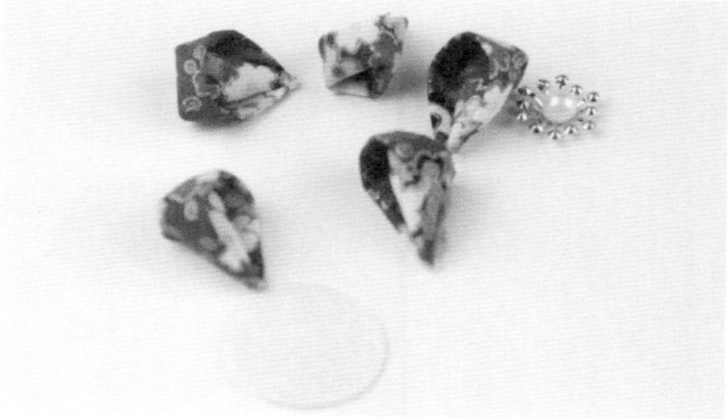

2 将上一步完成部分的未缝合一端撑开，作为花瓣。再找出一片圆形无纺布、金属花心装饰。

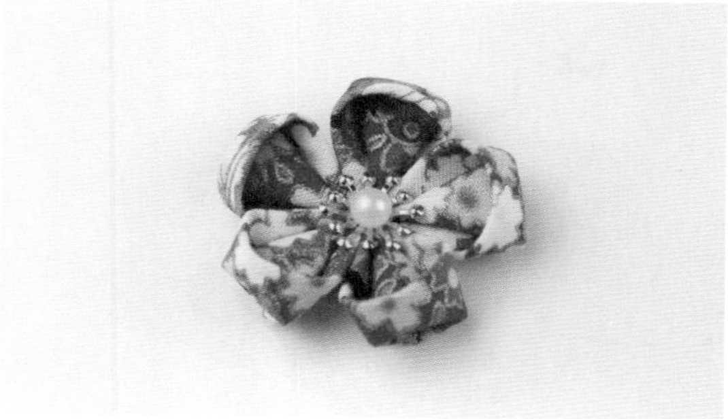

3 以无纺布为底，将花瓣和花心黏合。

樱花制作教程

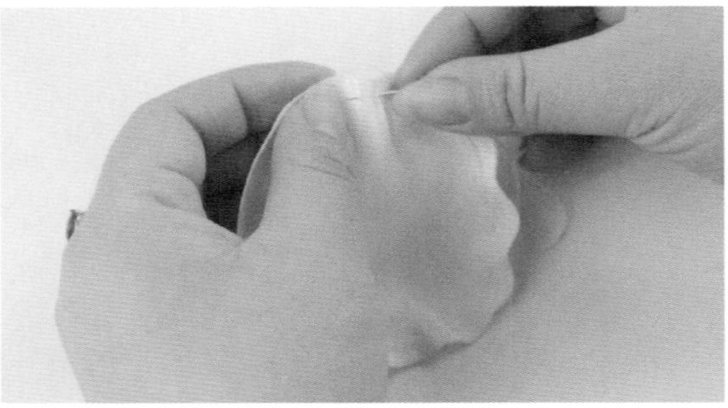

4 将椭圆形布块一周进行平针缝。

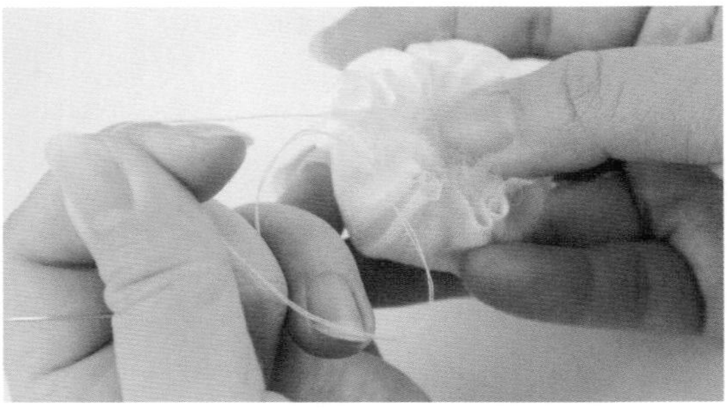

5 先轻拉缝线，稍微收紧收口，再在其中塞入填充棉后抽紧。

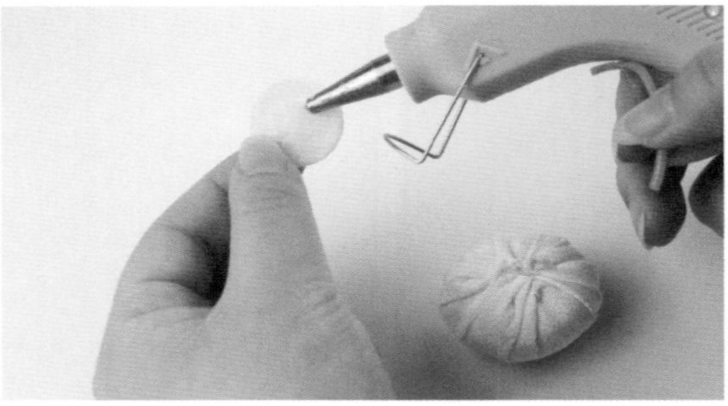

6 将无纺布用热熔胶粘在收口处以固定。小兔子的身体就制作完成了。

7 将正方形花布对角折，再连续两次将折出的三角形沿中线对折，制作小兔子耳朵。再将耳朵、眼睛（红珠子）粘在身体上，小兔子就做好了。

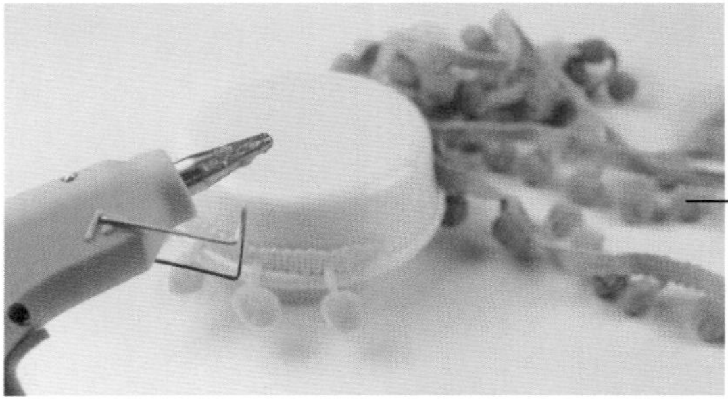

8 用热熔胶在音乐盒基座上粘贴绒球花边。

9 将花朵和小兔子粘在音乐盒基座上。在音乐盒罩子里塞入灯串（开关留在外面）并将罩子粘在基座上。

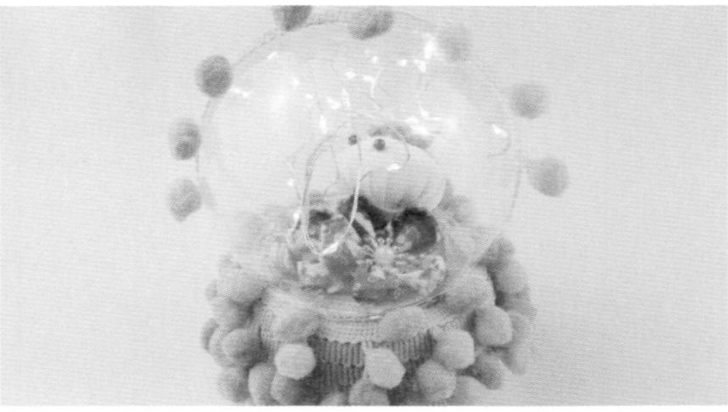

10 在音乐盒罩子上粘贴绒球花边作为装饰。完成。

车挂

朋友拜托我给她的车做一些装饰，于是我想到了这个简单好做的车挂。制作时，我用了她喜欢的动物刺绣贴，还加了大号的铃铛，当车启动时，铃铛会发出悦耳的声响。

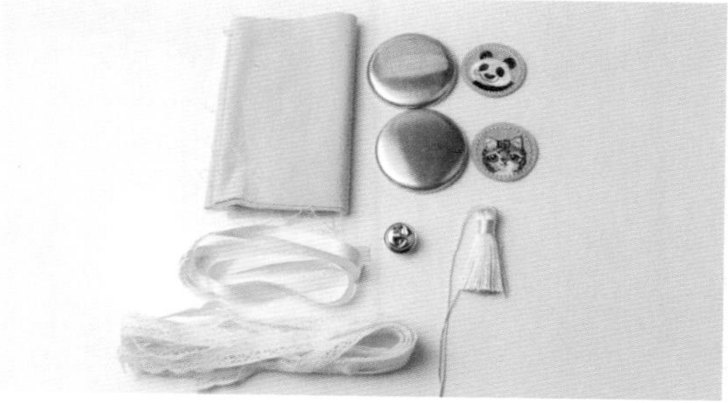

材料

布，包扣坯（直径为7.5cm）2个，铃铛1个，流苏1个，花边，丝带，绣片2个，UHU胶水

步骤

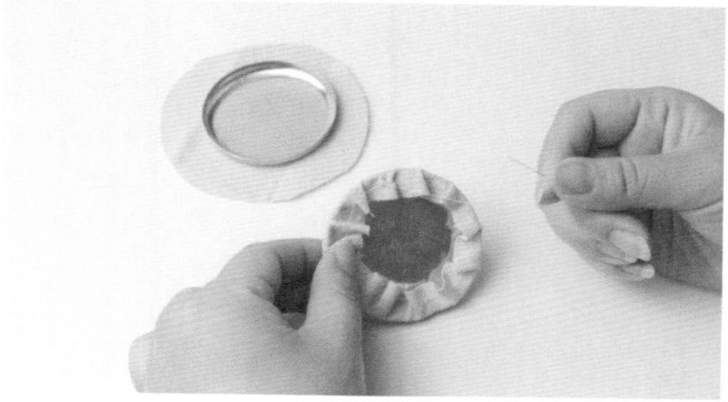

1 剪圆形布2片，将布绷在包扣坯上，圆形布的直径要比包扣坯的直径大2cm。

2 在包扣坯中心粘上绣片，再取2条花边，分别平针缝后抽褶，粘在绣片周围。

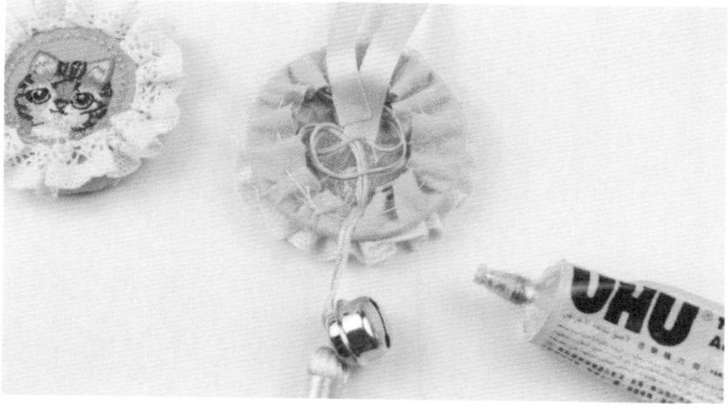

3 在一个包扣坯背面粘上丝带（挂绳）和穿好铃铛的流苏。

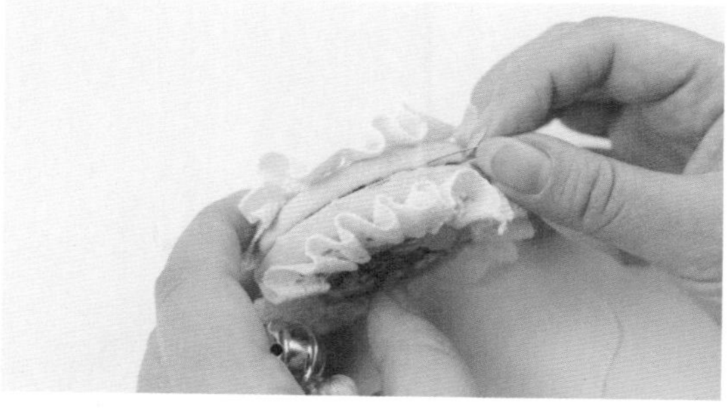

4 用藏针缝方法缝合两片包扣。

5 在挂绳上系上丝带蝴蝶结。完成。

云朵风口夹

又到了动一动就出汗的季节。大大的太阳高悬，连空气都被烤干了，
停在露天停车场的汽车则化身大烤箱，要开它出门不开空调可真不行。
我家的车前两天刚给空调加了氟，冷气特别足，我有点儿承受不了。
于是我决定做一个风口夹夹在车内空调出风口上，
不仅看起来暖暖的，还可以散发淡淡的香气。

材料、工具

白色水洗棉布料，绒球花边，琉璃珠，风口夹套件，彩虹装饰物，蜡线，填充棉，热熔胶，热熔胶枪

步骤

1 在水洗棉布料上按纸样画好云朵的形状，将用蜡线穿好的琉璃珠用热熔胶粘在云朵上。

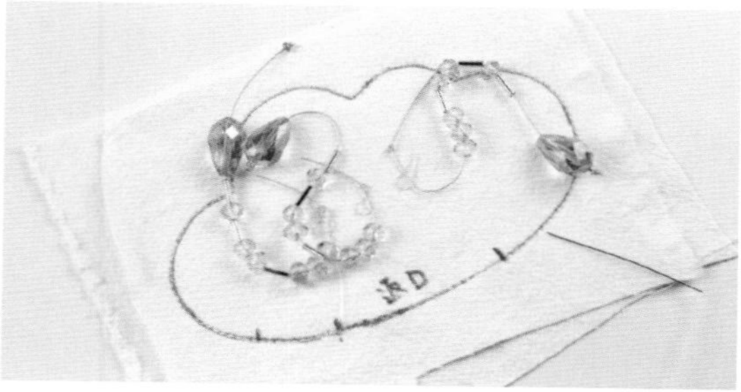

2 再取一片同样大小的水洗棉布料，按图所示放置，按照线迹缝合两片布，在正下方留返口，用于使珠串垂下来。

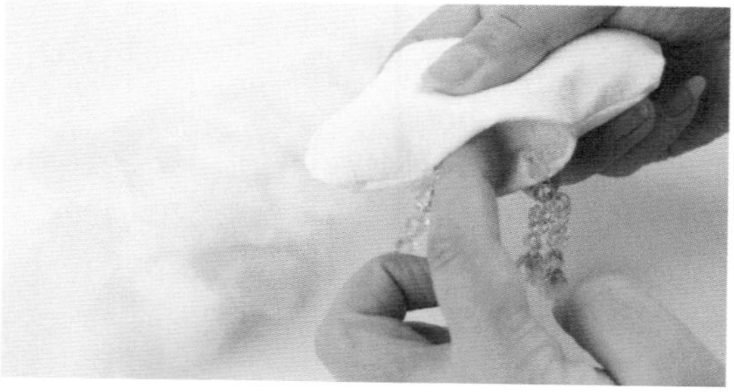

3 将布片翻到正面，从返口处将珠串拿出来，并在塞入填充棉后缝合返口。缝合时，应注意让珠子垂直落下，间距相同。

4 在云朵周围用热熔胶粘上绒球花边。

5 在云朵正面粘上彩虹装饰物，在背面粘风口夹套件，就制作完成了。

第三章

布袋布艺 × 饰物混搭

花边便携针线包

在出差或旅游途中，你是否遇到过衣物破损的情况？

有些人也许觉得无所谓，并不影响什么，那万一是裤子开线了呢？

是不是很尴尬？这时候，有一个小巧的便携针线包应急真是再好不过了。

材料

黄色表布，花色里布，无纺布，花边（2种），松紧绳，装饰扣，手缝磁扣，UHU胶水，装饰珠

步骤

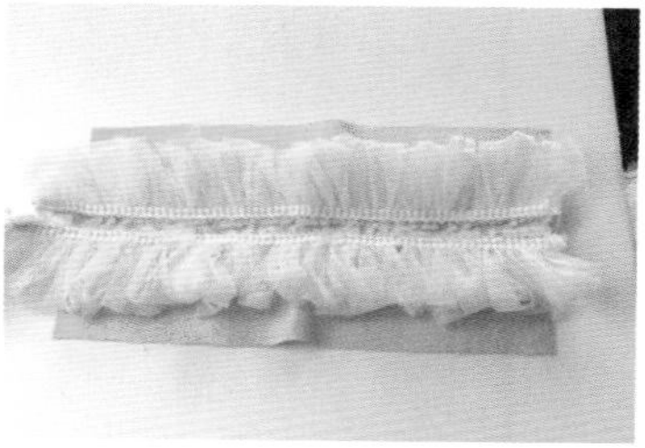

1 裁剪一片表布（13cm×25cm），将2条花边缝在表布上。

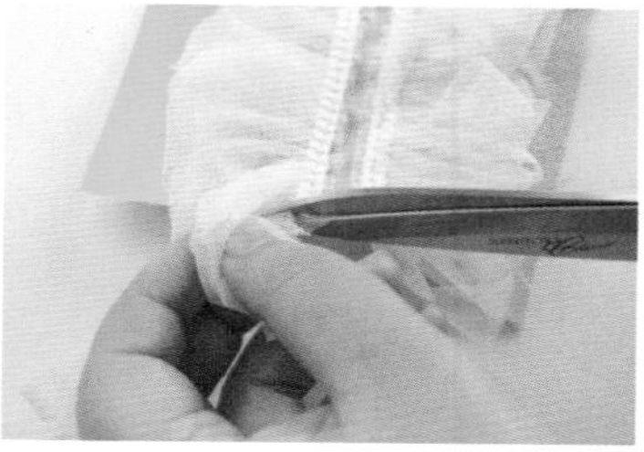

2 修剪掉多余的花边。

3 在两条花边中间缝上另一种装饰花边。

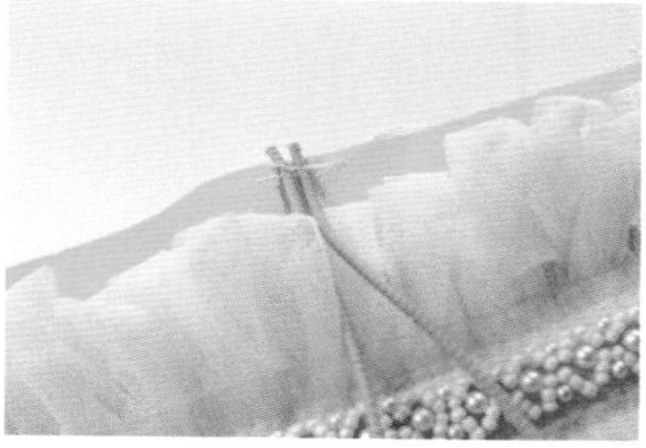

4 裁剪一段松紧绳，对折后缝在表布正面一条长边的正中间。

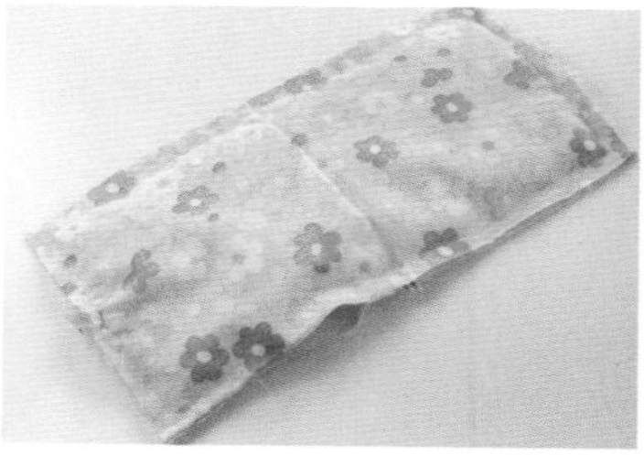

5 将里布与表布正面相对缝合，留返口。

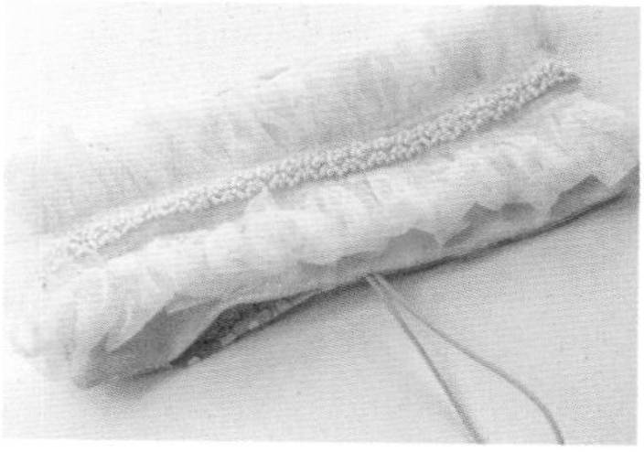

6 翻到正面，整理。

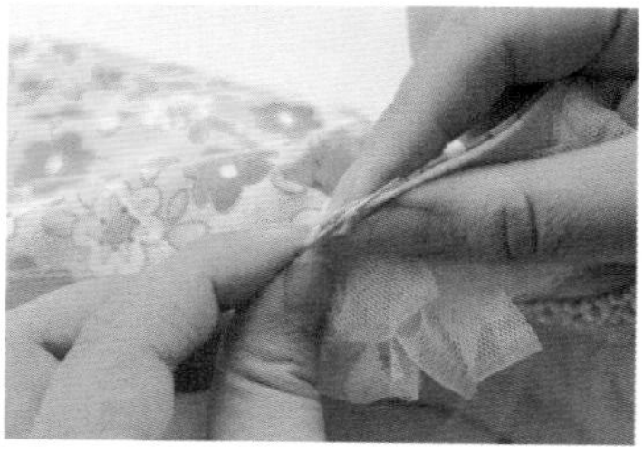

7 缝合返口。

8 缝上装饰扣和手缝磁扣，注意参考图中二者的位置。

9 如图所示，裁剪两片无纺布，缝在里布上并在线迹上粘上装饰珠。完成。

花球包挂

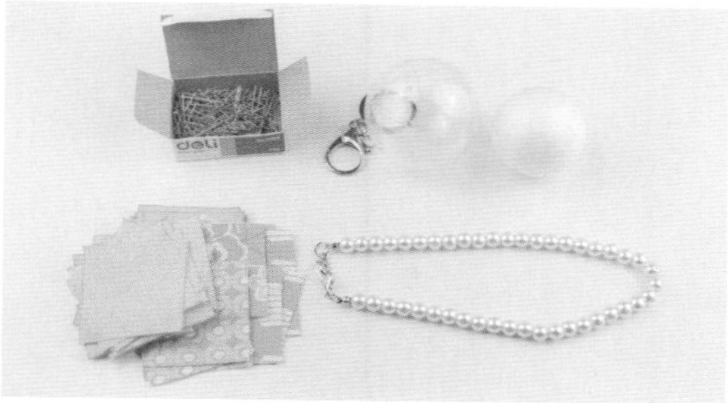

材料、工具

彩色正方形布块若干，大头针，直径为 5cm 的保利龙球，直径为 6cm 的透明球钥匙扣，可开合的珠链，热熔胶，热熔胶枪

步骤

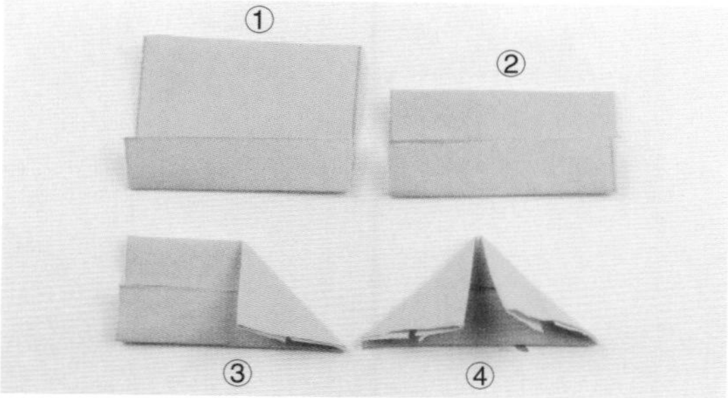

1 裁剪 5cm×5cm 的布块，将上下两边分别向中线对折后将两侧斜向下折，折成三角形。

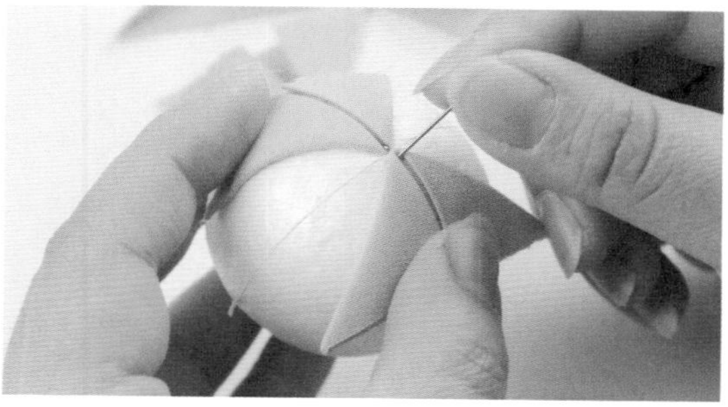

2 找到保利龙球的中线痕迹（也可是任意一点），用大头针固定折叠好的小三角形布。

3 每个角都用一根大头针固定。

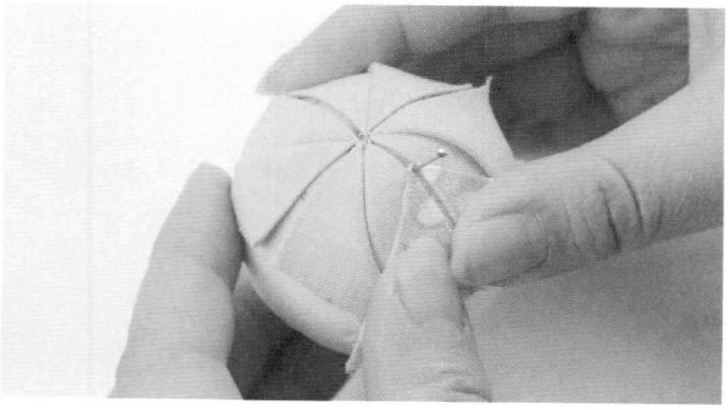

4 固定第一层的 4 个小三角形布后，在距离中心点 0.5cm 处以同样的方法固定第二层。

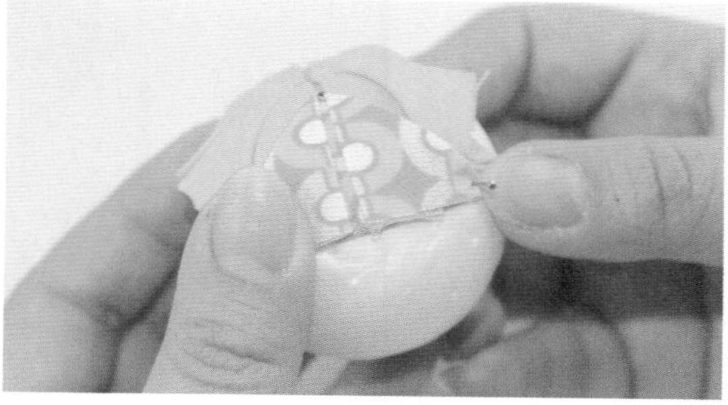

5 第二层三角形布的每个角也都需要用一根大头针固定。

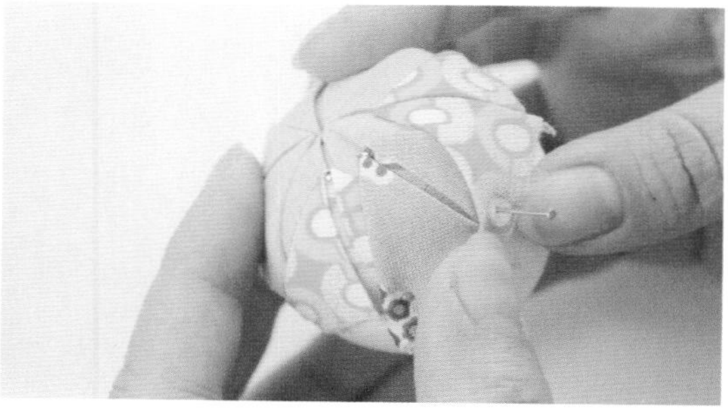

6 顺时针固定一圈，注意与顶点的距离以及方向。

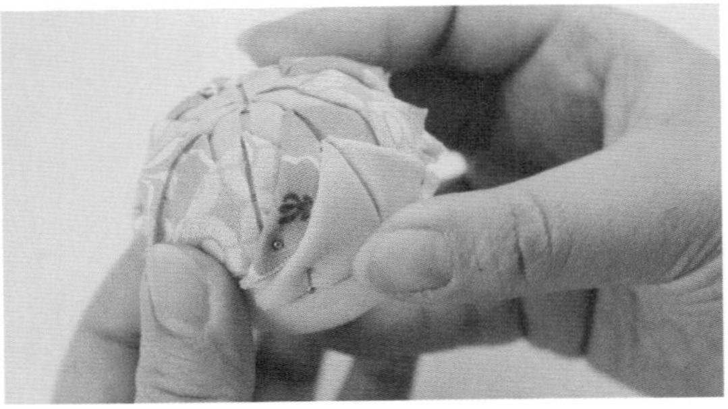

7 第二层固定8个三角形布后，再用同样的方法等距固定第三层。

8 固定三层后即完成半球的制作。

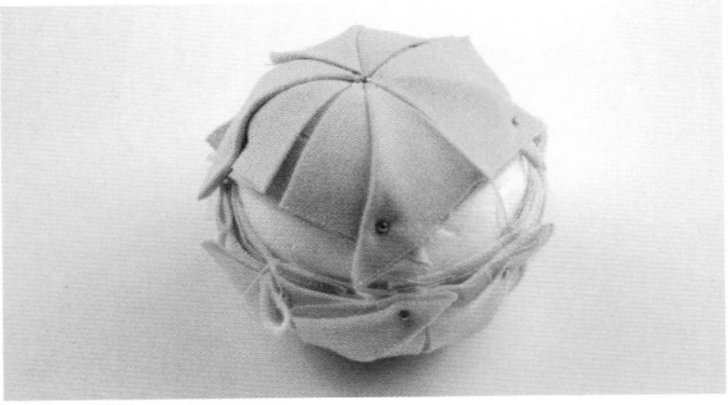

9 找准对称的中心点后，用同样的方法固定另一个半球的三层小三角形布。

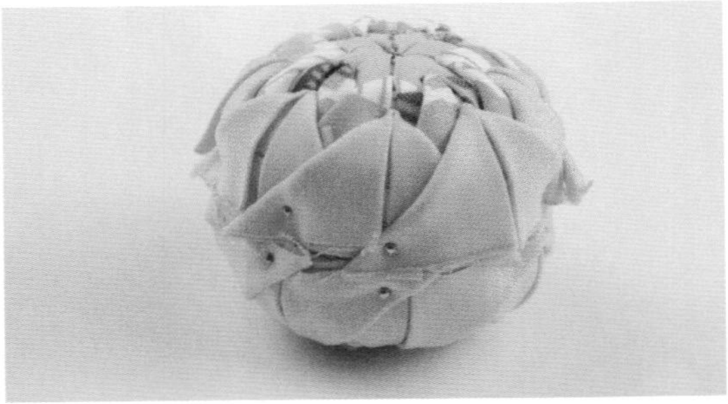

10 两个半球均制作完成。

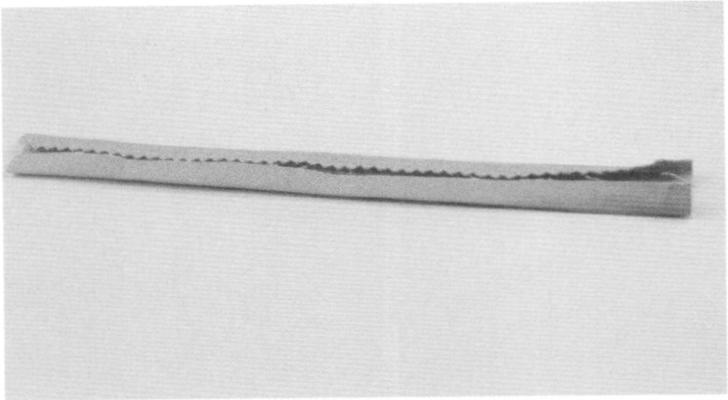

11 裁剪出(上一步完成的球的周长+2cm)×5cm的布条，将短边两侧向内折边，两长边折向中线。

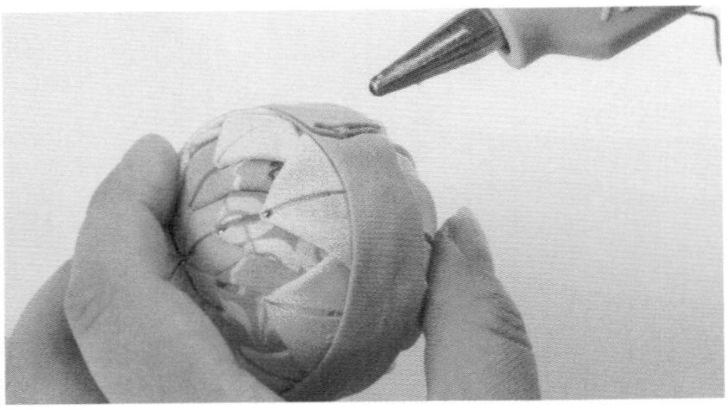

12 将布条围在两个半球的接缝处，并用热熔胶粘贴固定。

13 将做好的花球装入透明球钥匙扣后，挂上珠链即可。

束口袋

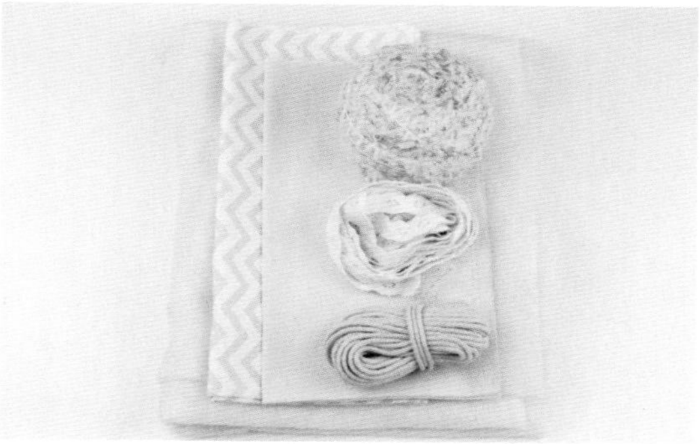

材料

素色表布，花色里布，铺棉，手混线，棉花边，蜡绳，珠针

步骤

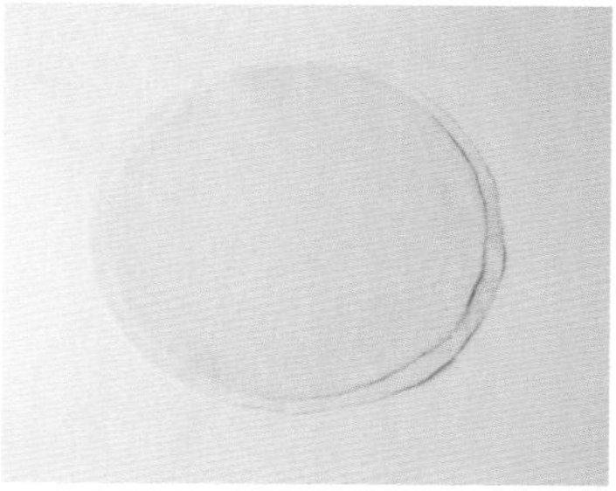

1 裁剪一片圆形表布，尺寸可自定（略大些会比较实用），将铺棉熨烫在表布内侧。

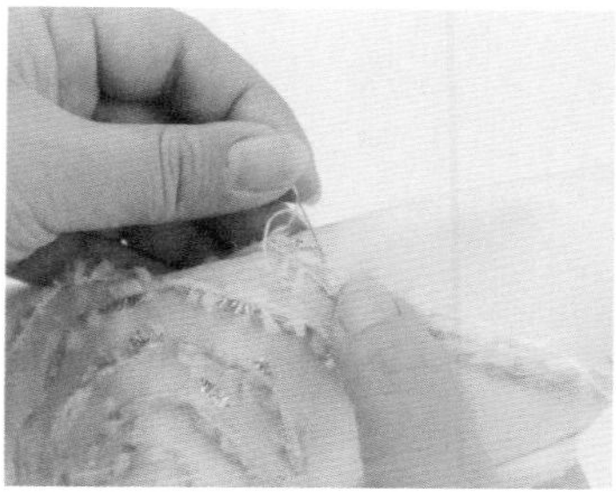

2 以螺旋状将手混线缝（或粘）在表布上。

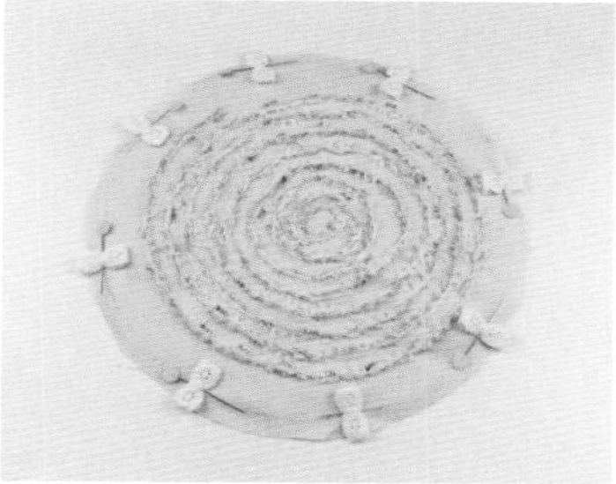

3 剪适当长度的棉花边若干份，并将其对折后用珠针等距固定在圆形表布边缘的成品线上（折痕一侧在外）。

4 裁剪与表布等大的里布，并将里布与表布正面相对缝合，留返口。

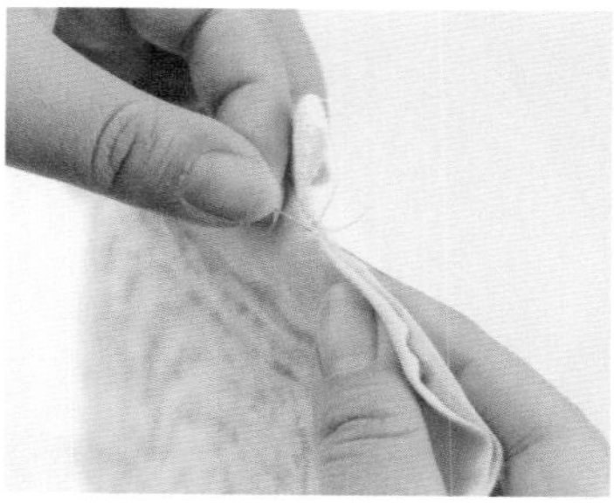

5 从返口处翻至正面，然后藏针缝合返口。

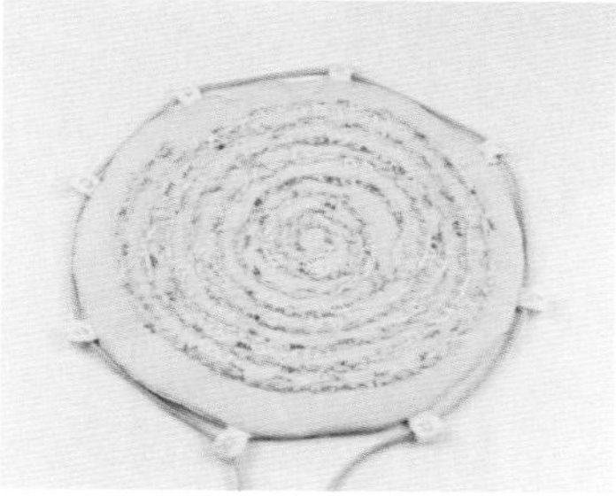

6 从棉花边的折叠空当中穿过蜡绳。

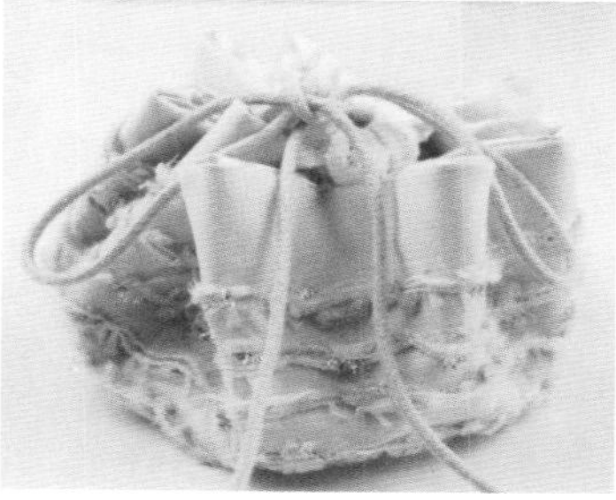

7 将蜡绳打结，束口袋制作完成。

夹层拉链斜挎包

女儿希望有一个能斜挎的小包，于是我做了这款简单的夹层拉链斜挎包。
她可以把自己喜欢的漫画书放在里面。女儿看到这个小挎包后开心得蹦蹦跳跳，
小孩子就是这么容易满足。

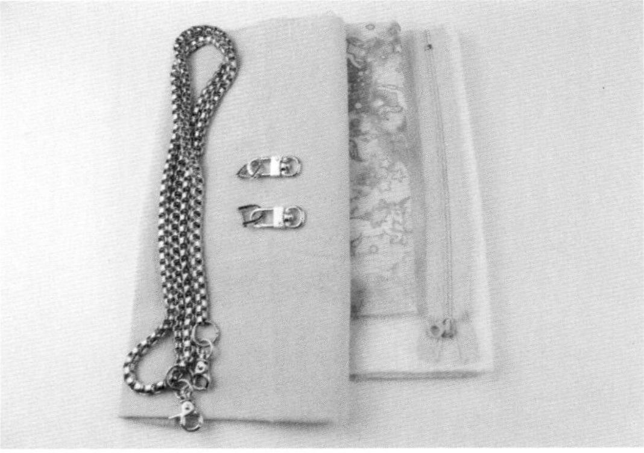

材料

斜挎链，D 字环（可用可不用），粉色里布，花色表布，20cm 长的拉链，带胶铺棉，装饰珠，UHU 胶水

安装拉链的要点：

布料边缘置于距离链牙中心 0.5cm 的位置，根据拉链大小也可进行调整，但要保证滑锁（拉头）可以顺畅通过。

步骤

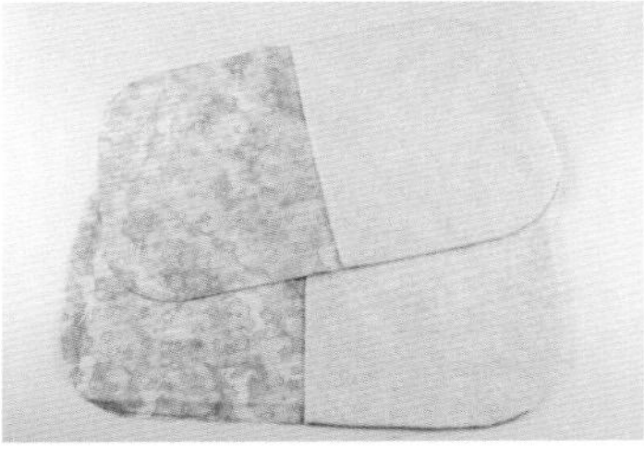

1 按纸样剪下 2 片表布，分别将其中的一半熨烫上带胶铺棉。

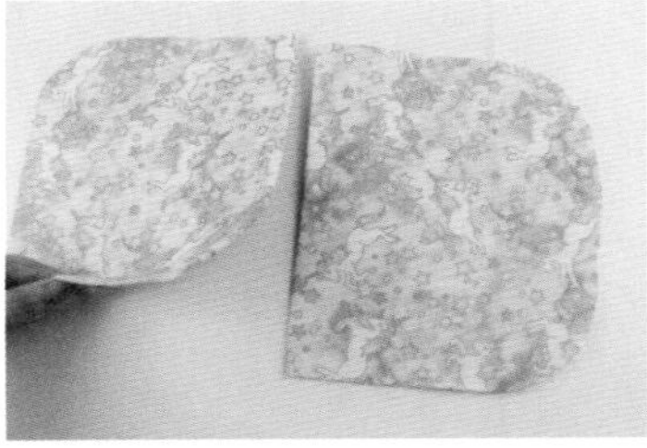

2 对折表布，再次熨烫。

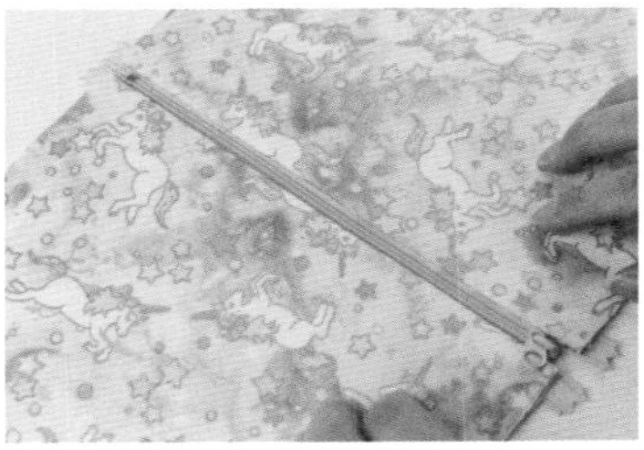

3 在两片表布中间摆放拉链（拉链和两片布不要紧挨着），车缝固定。

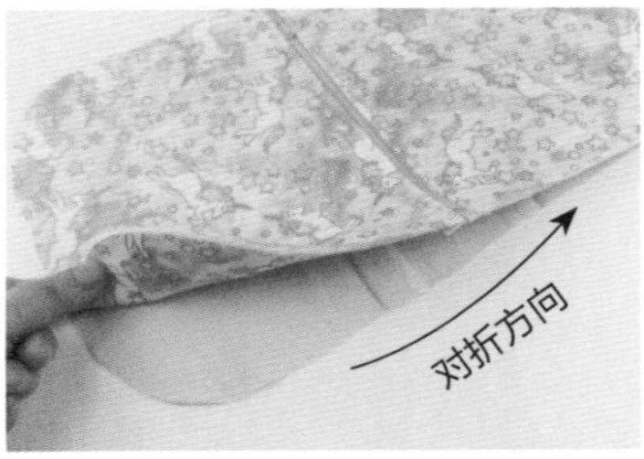

4 将里布铺在表布之下，按形修剪后缝合边缘，并向里布一侧对折。

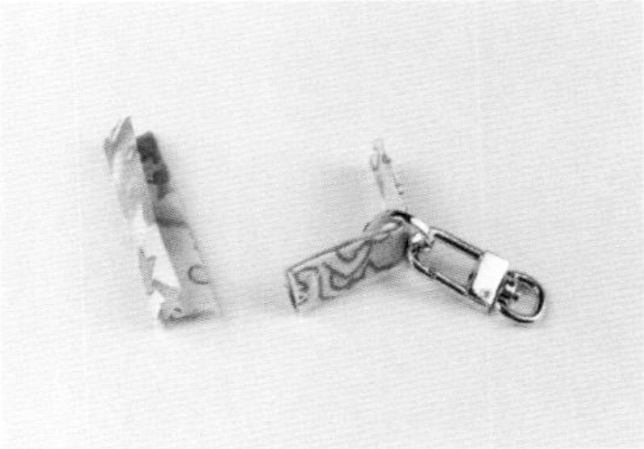

5 用剪下的碎布条制作 2 个扣耳，挂上 D 字环（也可不用）。

6 将扣耳固定在包两侧（近拉链处）。缝合包的边缘。

7 如图所示，包边。贴近拉链的包口处要将包边条向里折入 2cm。

8 装上斜挎链。再按纸样裁好独角兽，贴布缝在适当位置，并在其边缘用 UHU 胶水粘上装饰珠即可。

蕾丝手拿包

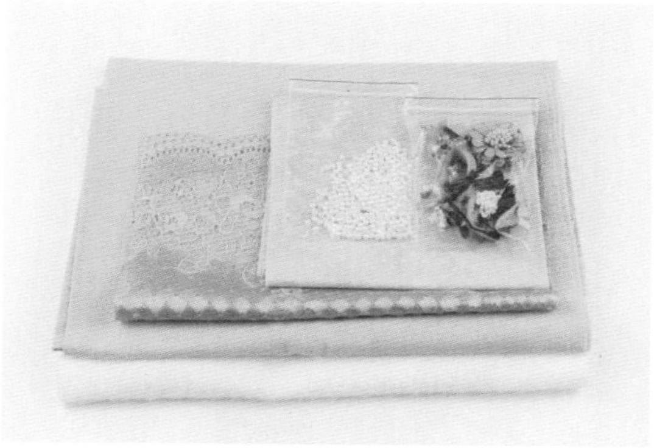

材料

素布，水玉布，蕾丝布，铺棉，
装饰珠（有孔），磁扣等配件，
珠针，UHU 胶水

水玉布：

在拼布布艺中，将圆点图案的布称为水玉布，它是拼布布艺中的百搭布。

步骤

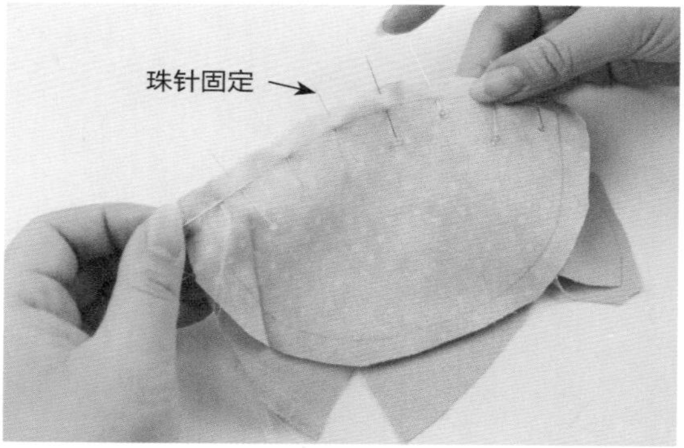

1 按纸样将各部分布料裁剪后，将一片水玉布与一片素布正面相对进行拼接，即完成带盖表布。

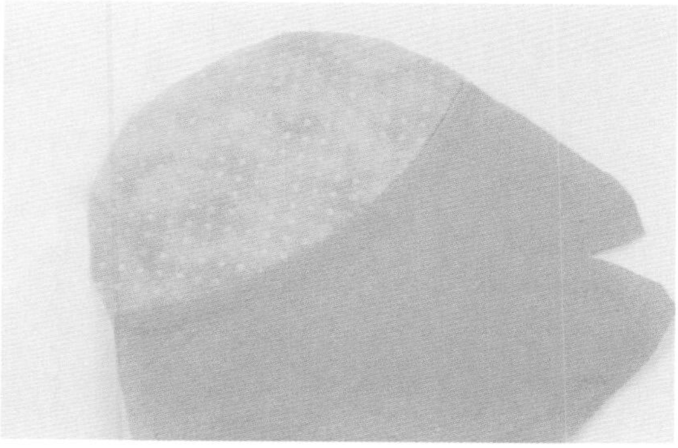

2 熨烫平整后备用。

3 分别在两片表布上熨烫按纸样剪好的铺棉（不留缝份）。

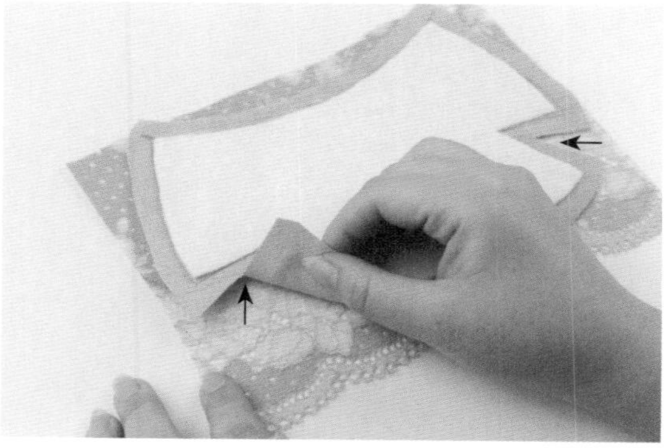

4 按前片布形状裁剪蕾丝布，在前片布外侧缝上蕾丝布（主要是为了美观）。

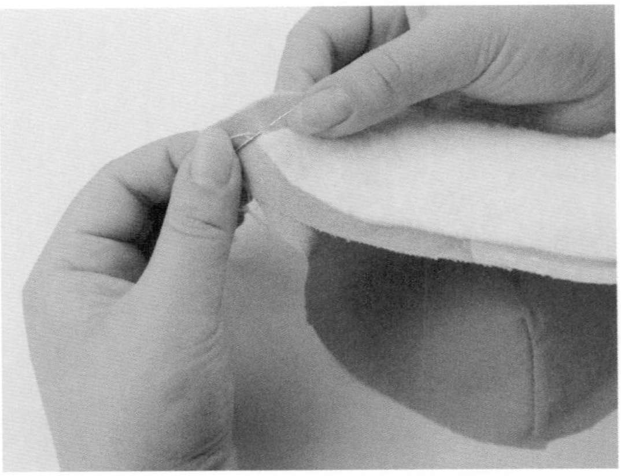

5 分别缝合豁口处（见第 4 步图的箭头处）。

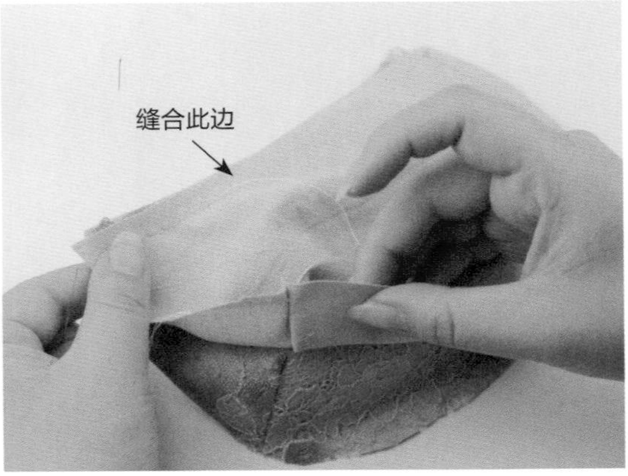

6 裁剪同样的里布（素布），缝合豁口后与前片布正面相对，缝合上边。

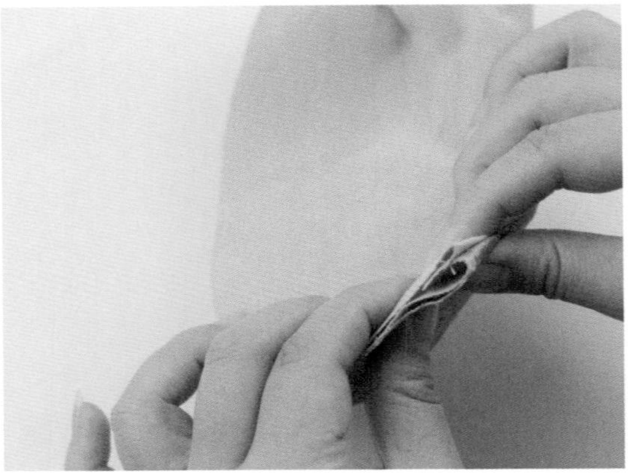

7 缝合上边后翻到正面，整理平整。

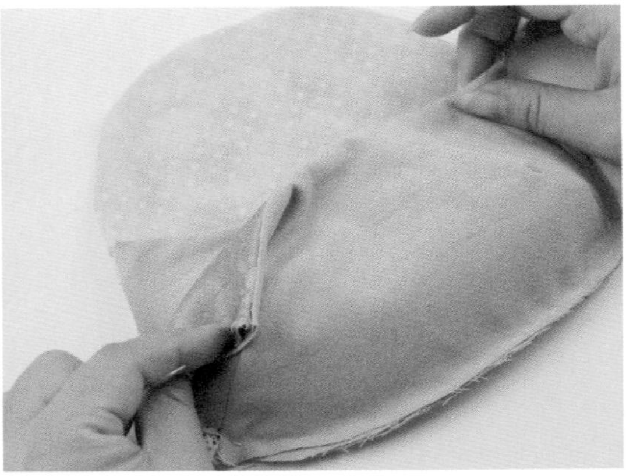

8 将做好的前片布与带盖表布正面相对，缝合包体的两侧与底边。

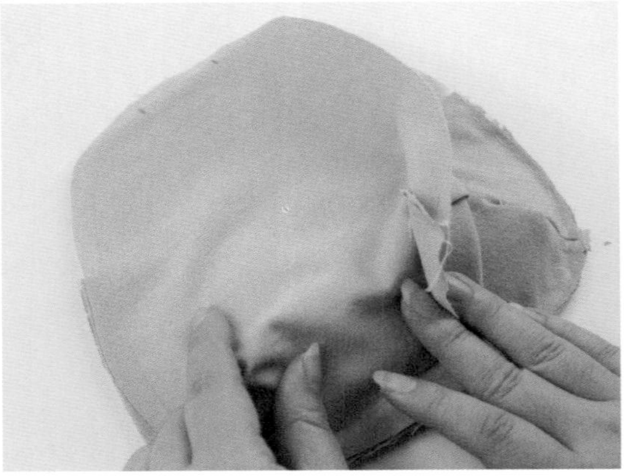

9 再裁剪 1 片整片里布，缝合豁口后与上步完成的部分正面相对，缝合一圈，留返口。

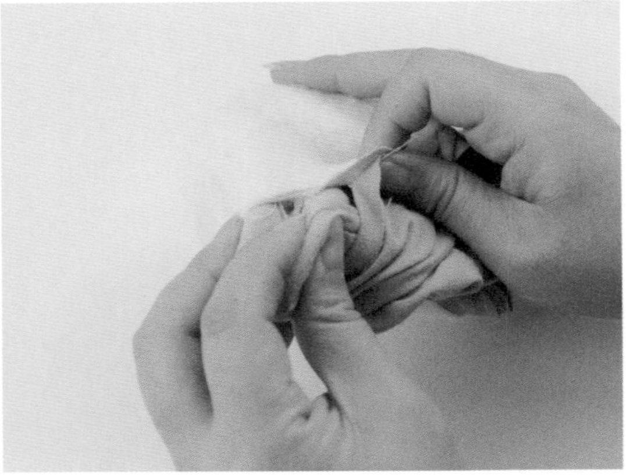

10 从返口处翻到正面。

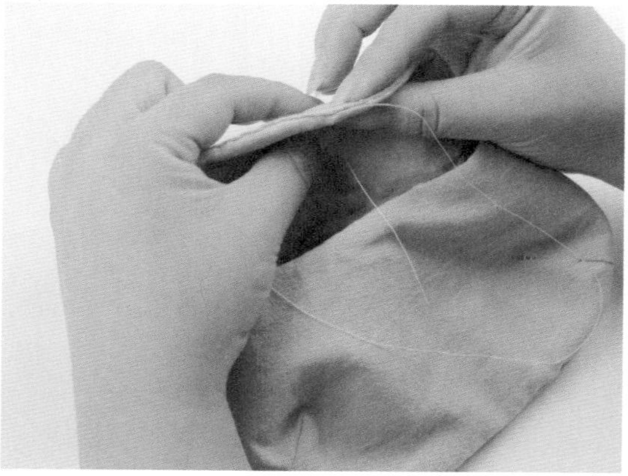

11 藏针缝合返口。

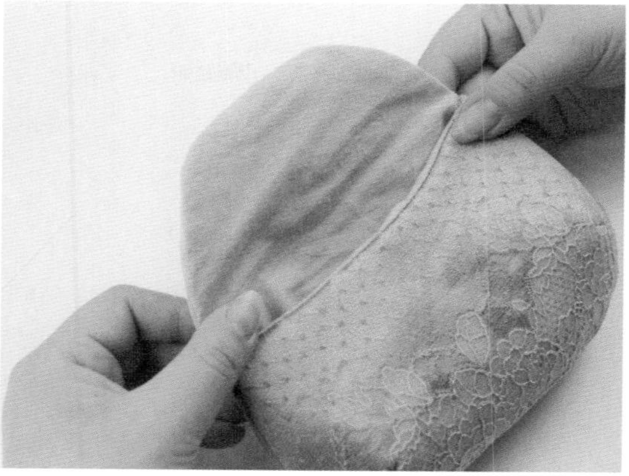

12 再翻一次露出前片布表面。

13 在包盖边缘缝上装饰珠。

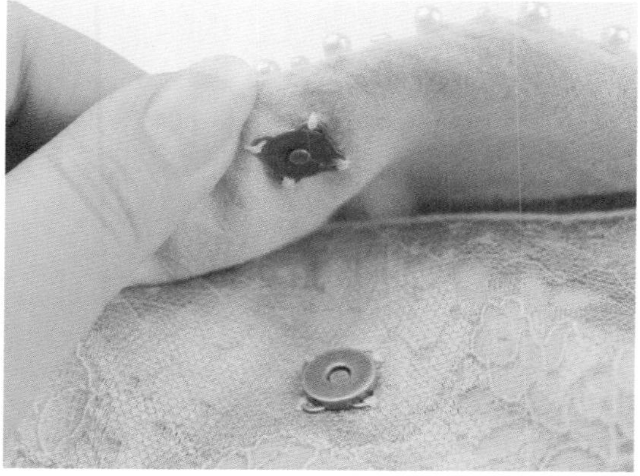

14 缝上磁扣。

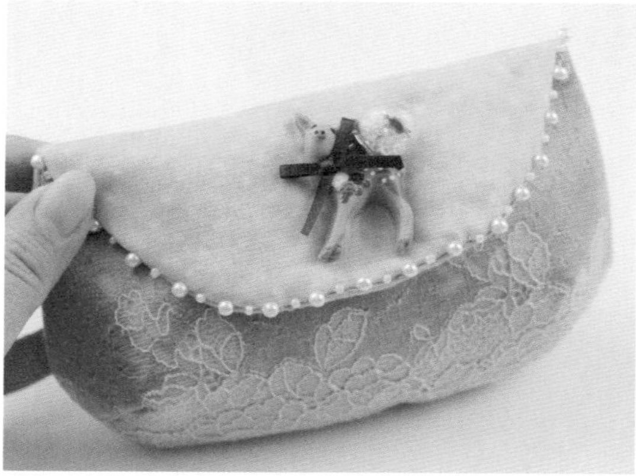

15 用 UHU 胶水粘贴装饰配件，制作完成。

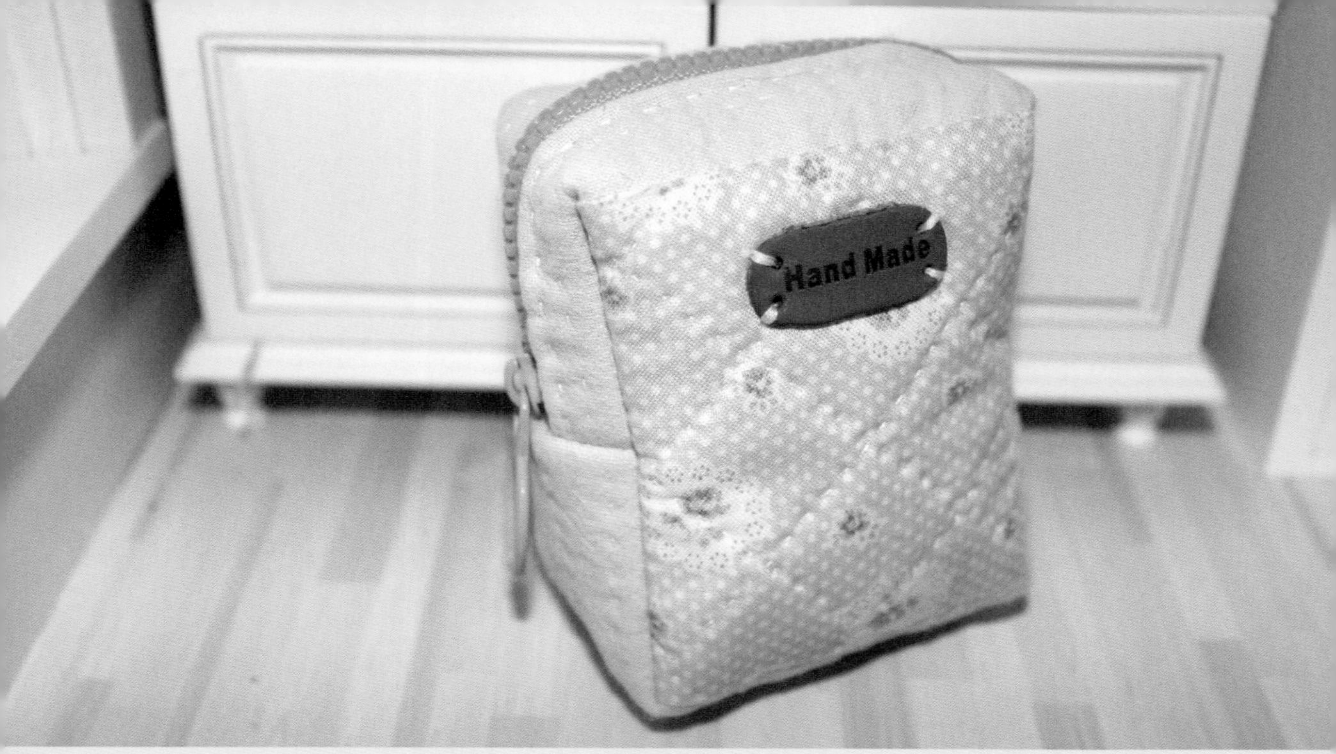

方形吐司包

听音乐的耳机需要一个收纳包，我们为此做了一款方形吐司包，

萌萌的样子让人爱不释手。

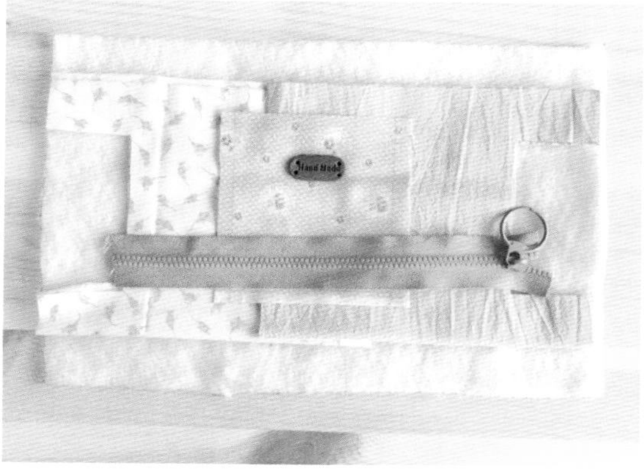

材料

380g 单胶蓬松铺棉，20cm 长的树脂拉链，装饰皮标，按纸样剪好的素色表布 1 片，花色里布 1 片，花色装饰布 1 片

步骤

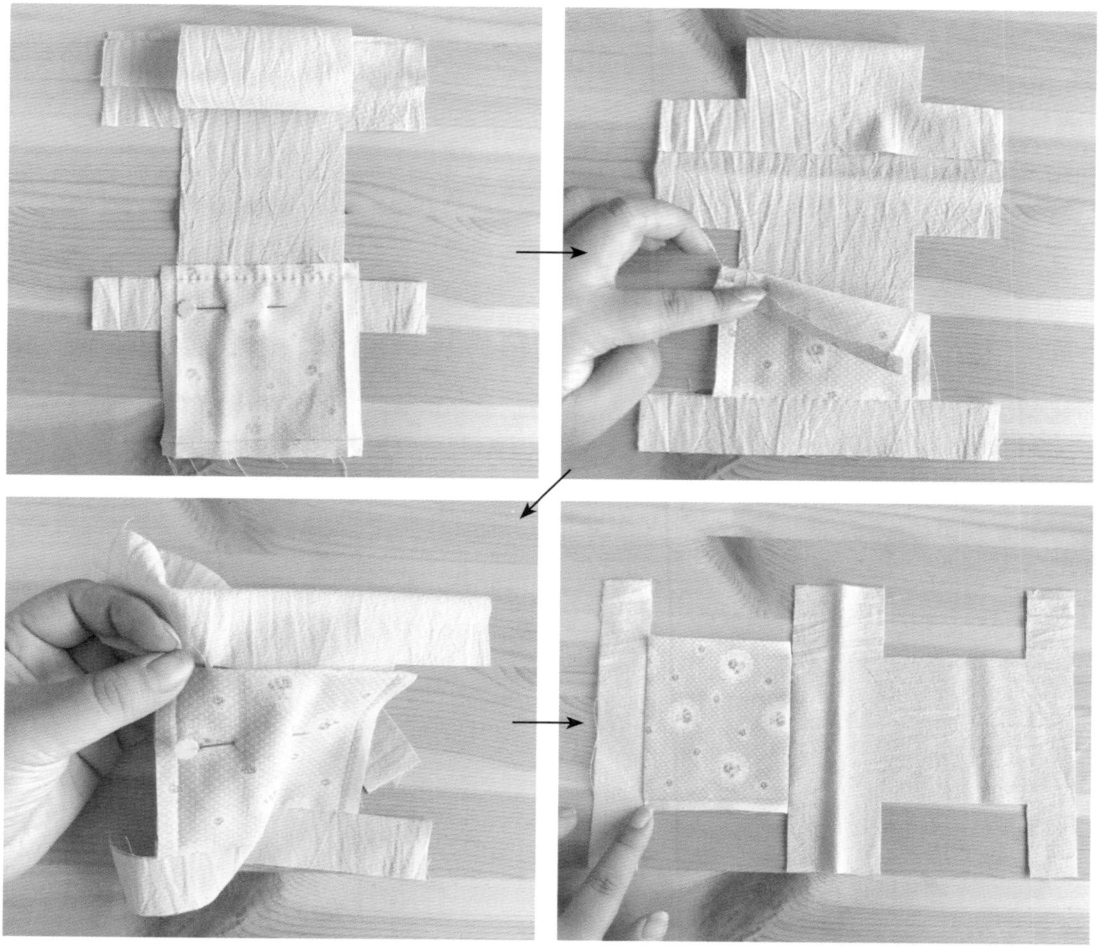

1 将花色装饰布按图所示缝在素色表布上。

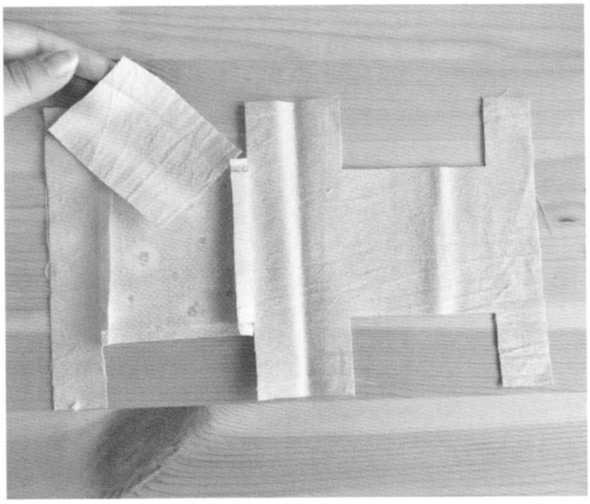

2 将背面多余的布料剪下。

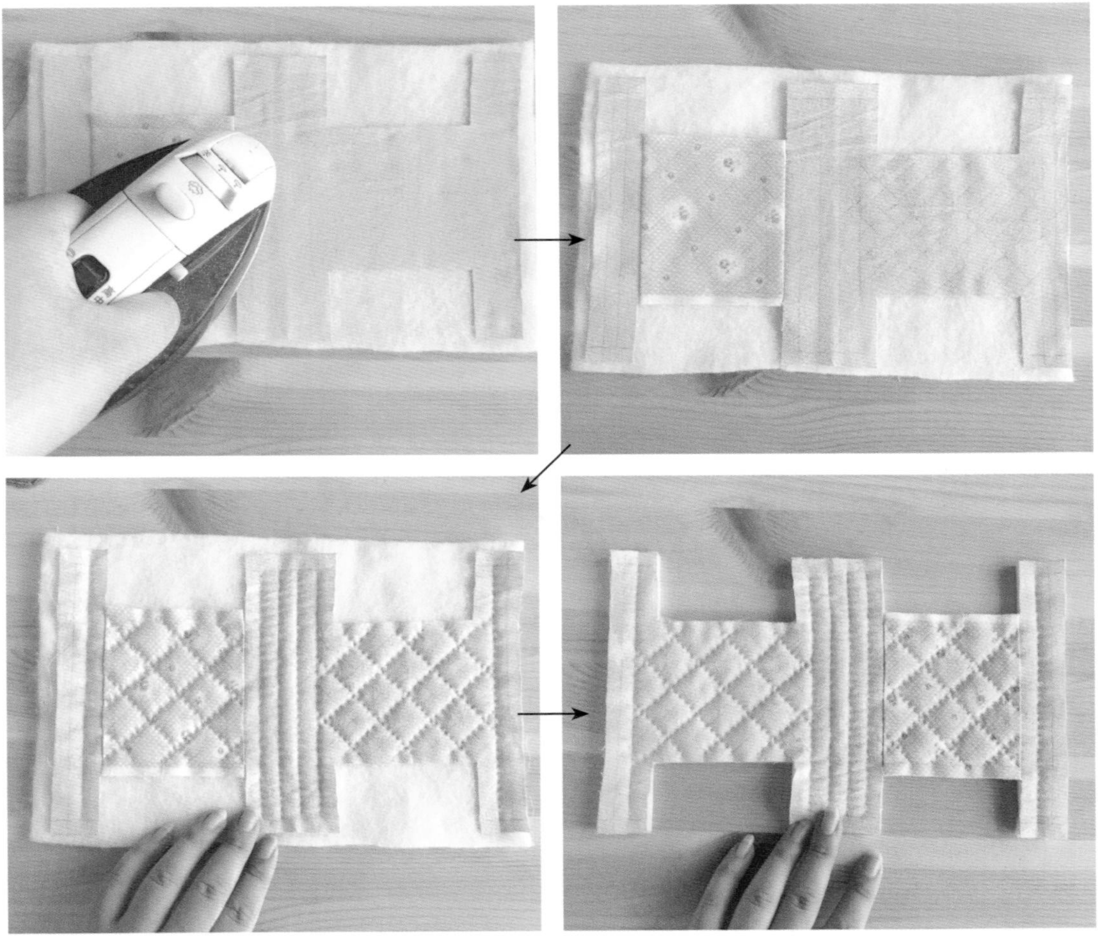

3 将拼接好的表布熨烫在铺棉上，按照自己的喜好压线，并裁剪掉多余的铺棉。

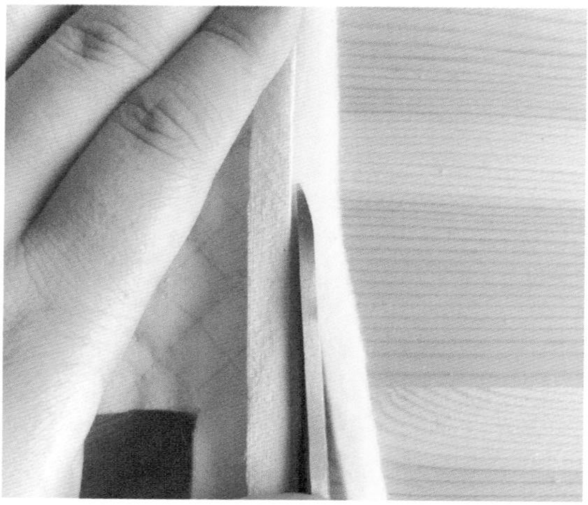

4 为了使拉链缝合后看起来平整，需修剪掉袋口处 0.7cm 宽的铺棉。

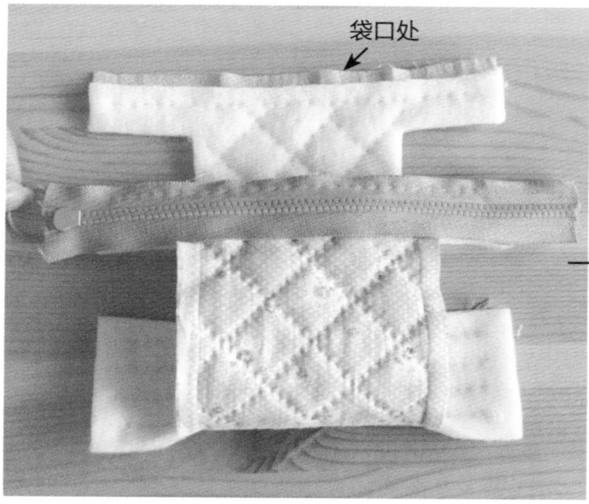

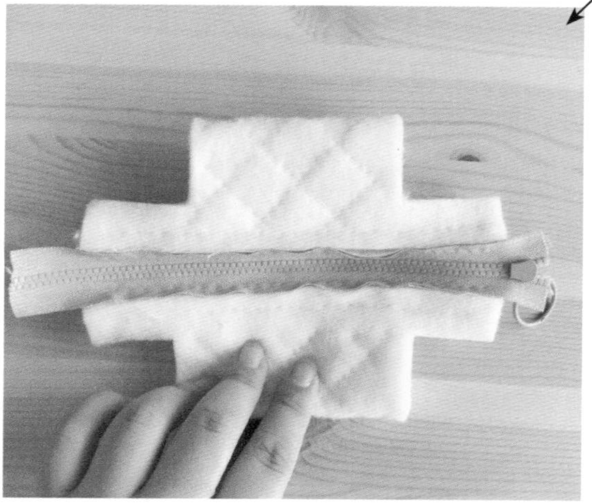

5 将拉链正面朝下，对齐两边的袋口处，进行缝合。

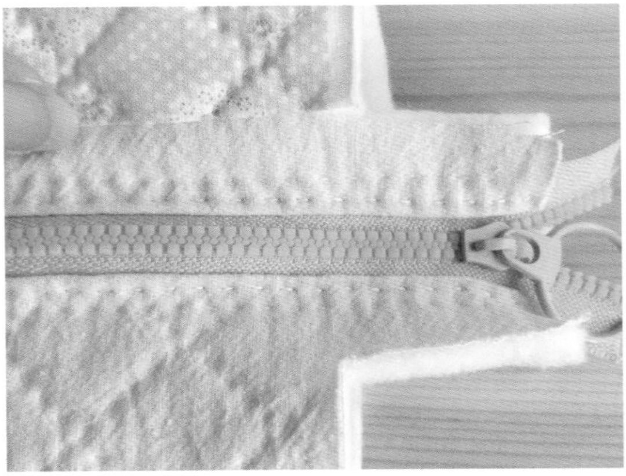

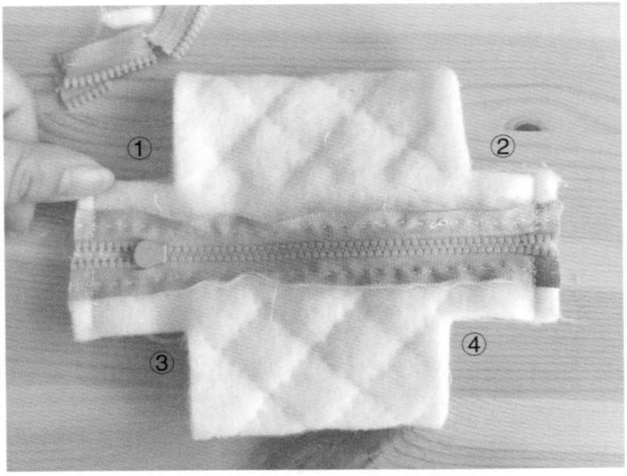

6 翻到正面，再压一道线加固。

7 翻回到背面，如图捏住两头使之对齐，缝合并修剪整齐。

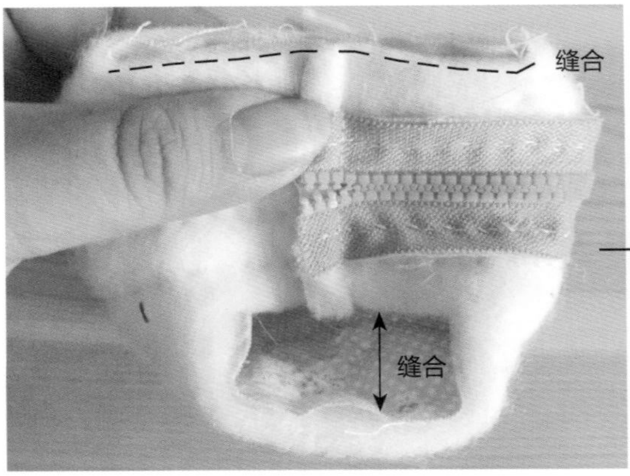

8 将四周的直角部分（第 7 步的①～④ 4 个直角的边）捏起，对齐缝合包底，翻到正面并缝上装饰皮标。

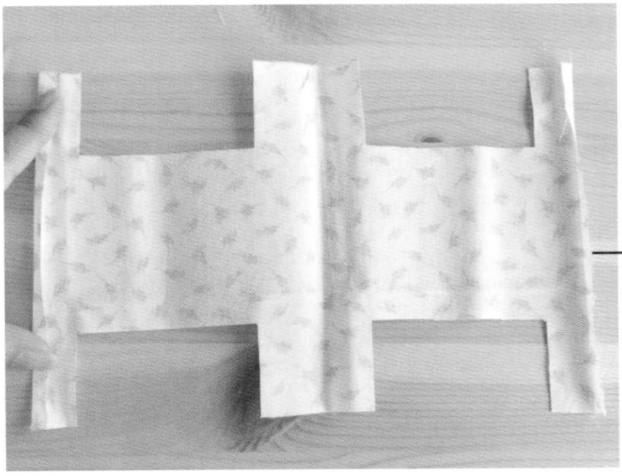

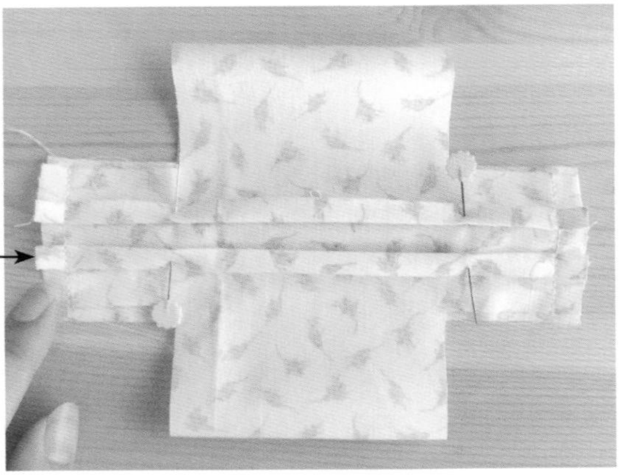

9 将里布的袋口两端各向内折 0.7cm，再按图所示对折，中间刚好留出拉链的位置，缝合左右两端。

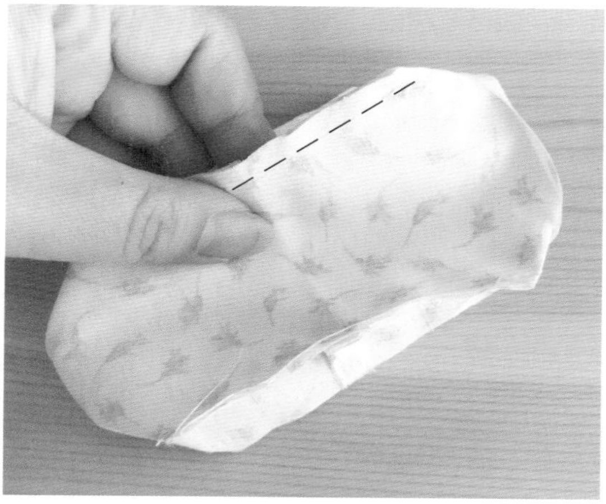

10 用第 8 步缝合表布的方法，将里布的四条边缝合。

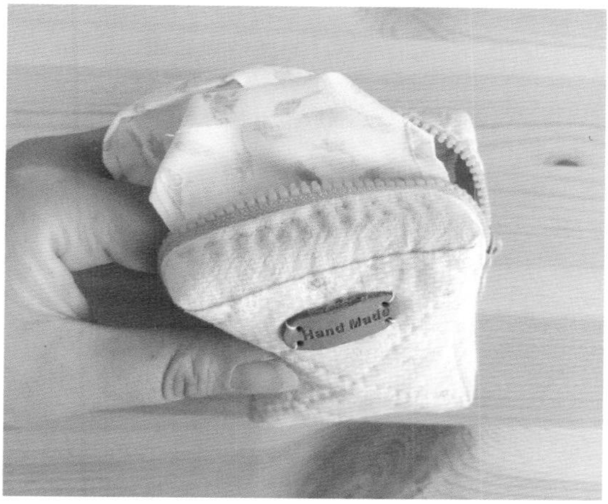

11 将缝好的里布塞进表布。

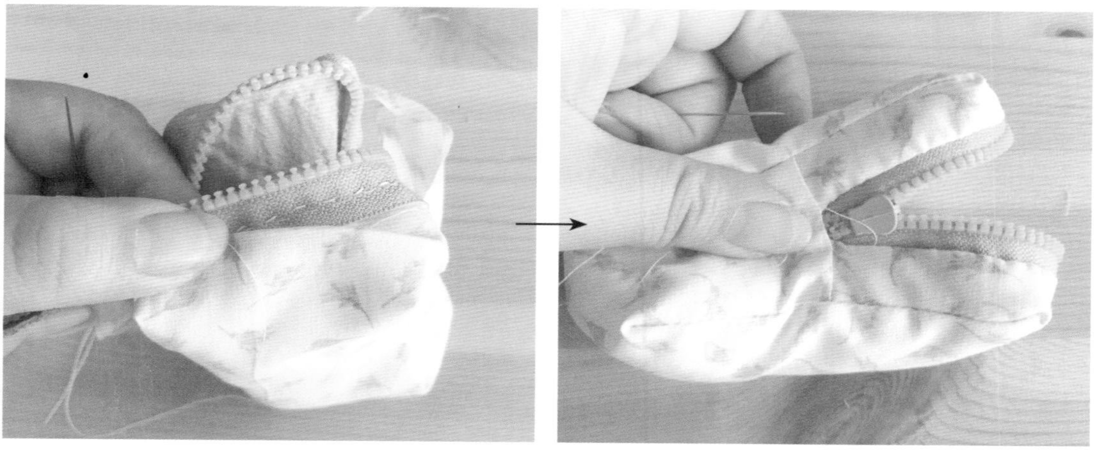

12 为了方便缝合，将里布翻到外面，用藏针缝方法沿着缝拉链的缝线缝合里布。

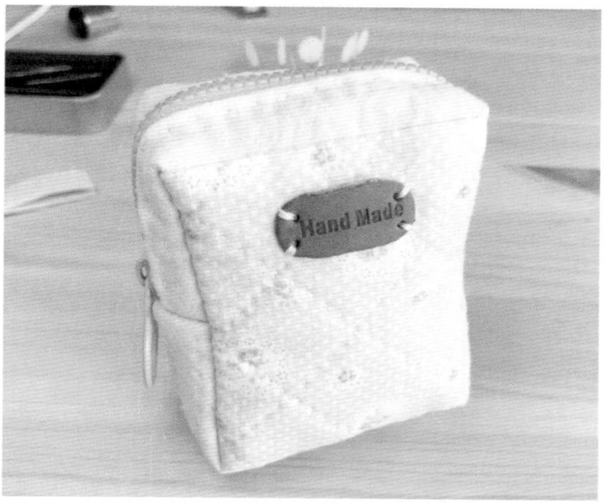

13 翻到正面，整理平整。完成。

童趣龟背包

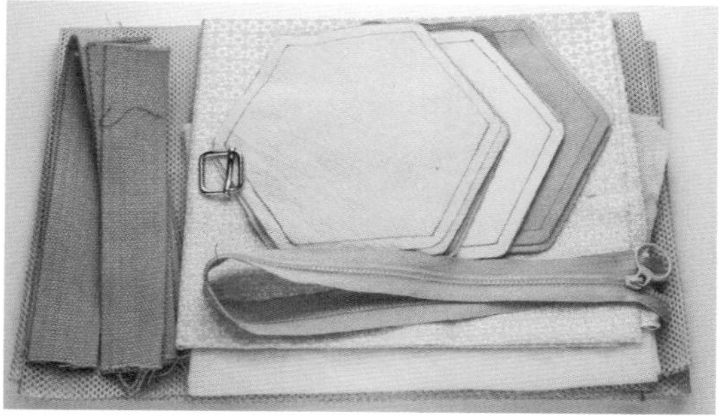

材料

按纸样剪好的六边形彩色布20片，花色里布，铺棉，织带，日字环，拉链，网格布

步骤

1 将20片六边形彩色布拼接在一起。

2 熨烫好缝份。

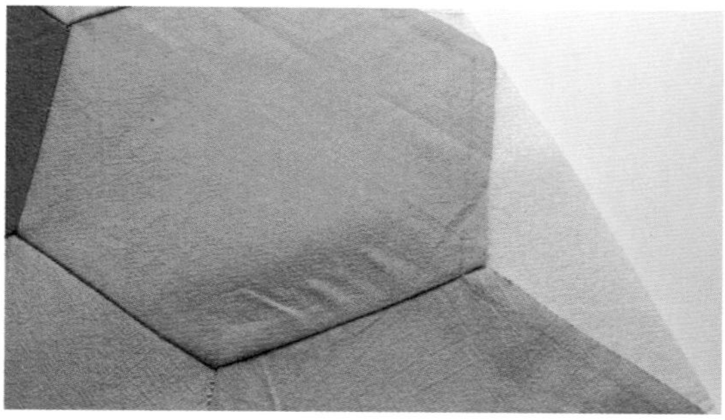

3 熨烫铺棉。

4 按照孩子的身形裁剪龟壳形状。

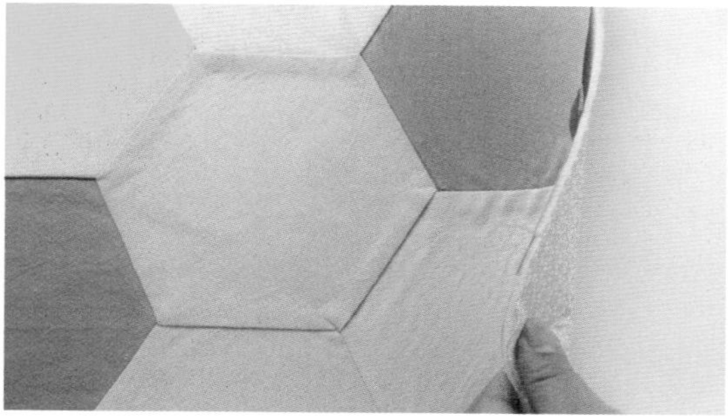

5 在反面熨烫里布，并修剪好边缘。

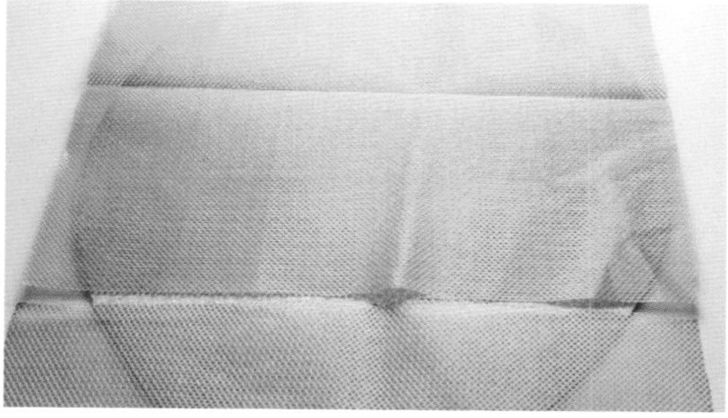

6 将网格布剪开，铺在龟壳里布上。

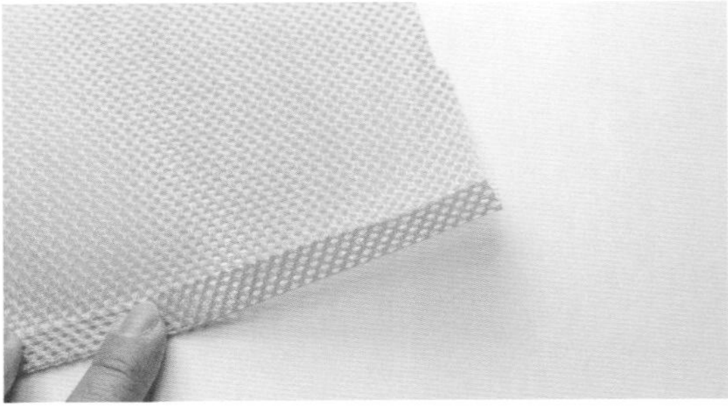

7 将两片网格布相接的边缘分别向内折 1cm。

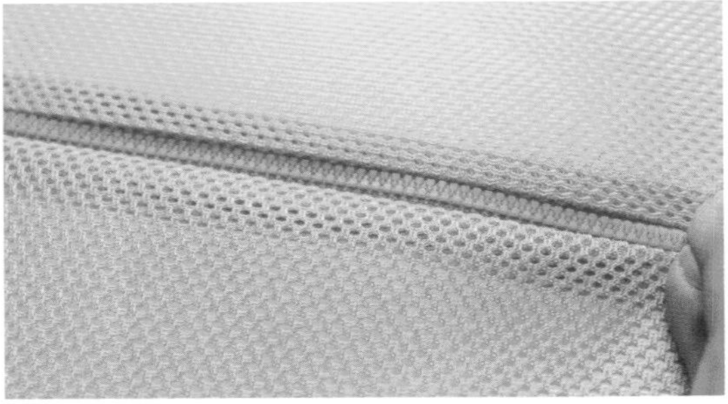

8 在内折后的两片网格布中间缝上拉链。

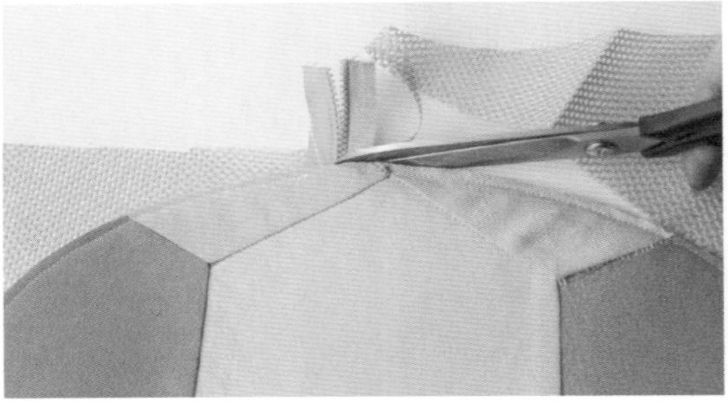

9 将缝好拉链的网格布铺到里布上，缝合一圈，并修剪掉多余的部分。

10 按照孩子的身形剪裁织带作为背带，试背合适后再缝合固定。

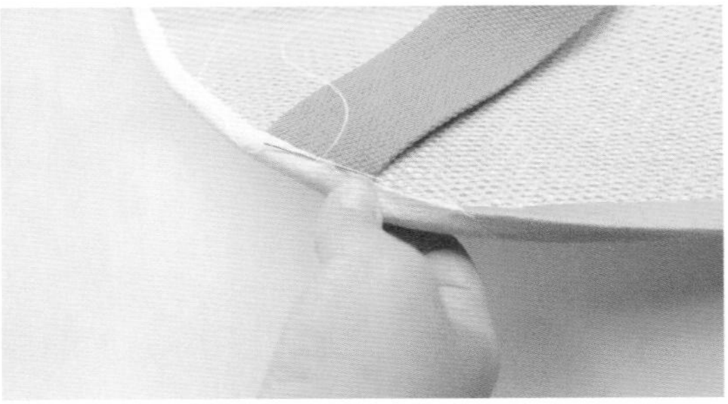

11 剪裁 4cm 宽的包边条，进行包边。

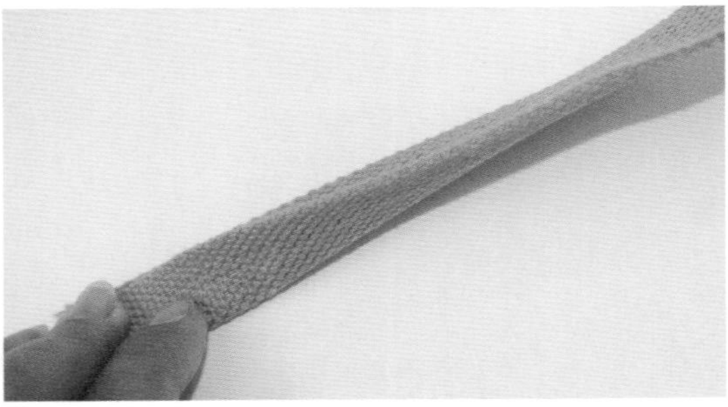

12 将织带长边对折缝合。做一长一短两条细织带，尺寸是适合在孩子的身前固定两条背带的长度。

13 分别将两条细织带穿入日字环，缝合。

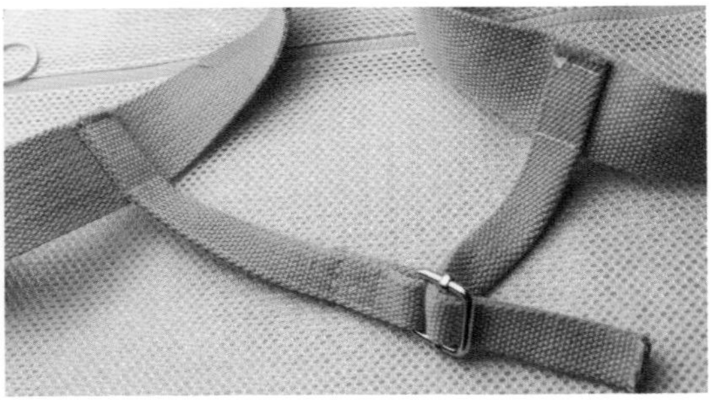

14 将细织带分别缝在龟壳两边背带的靠下位置上。完成。

纸样（无缝份）

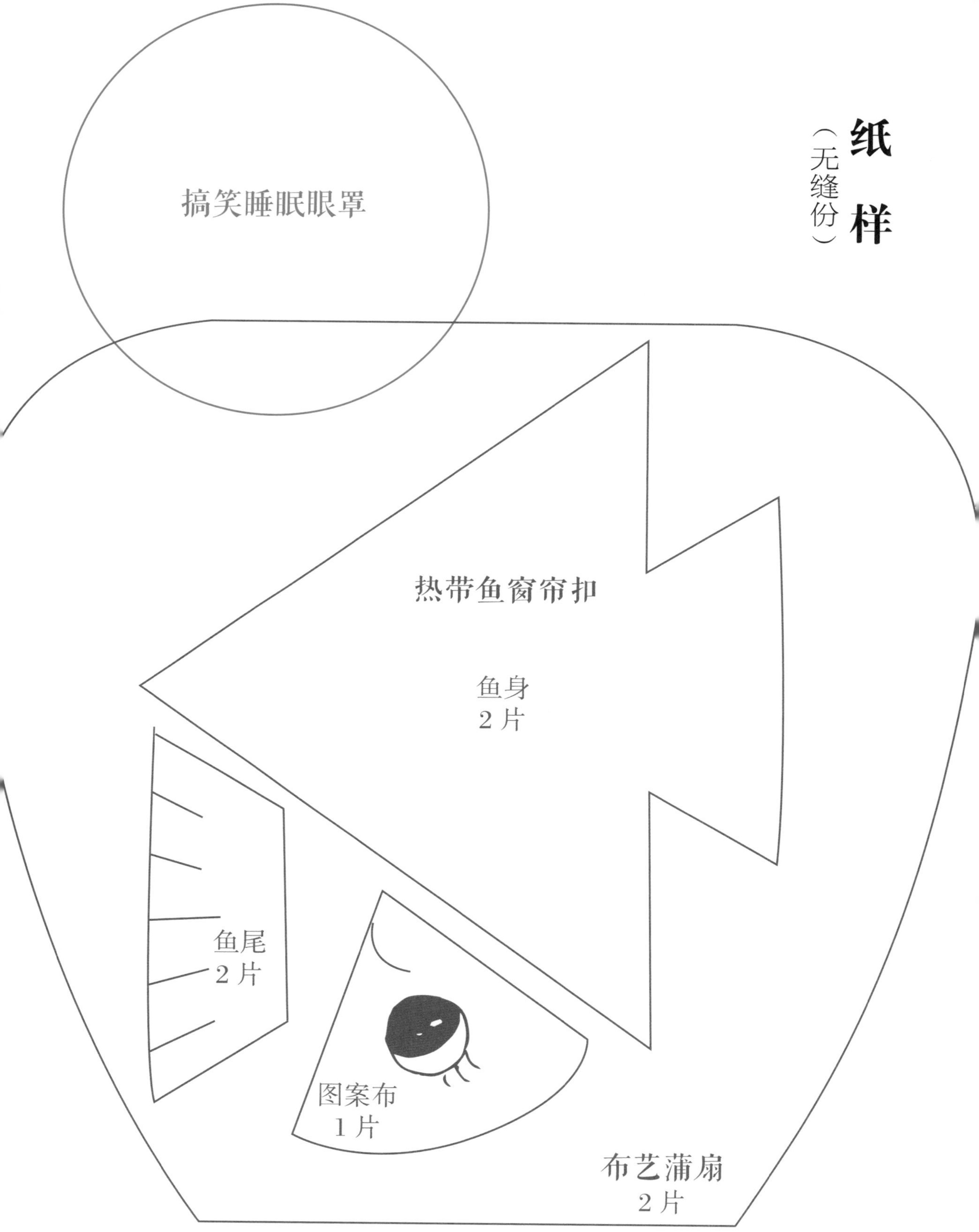

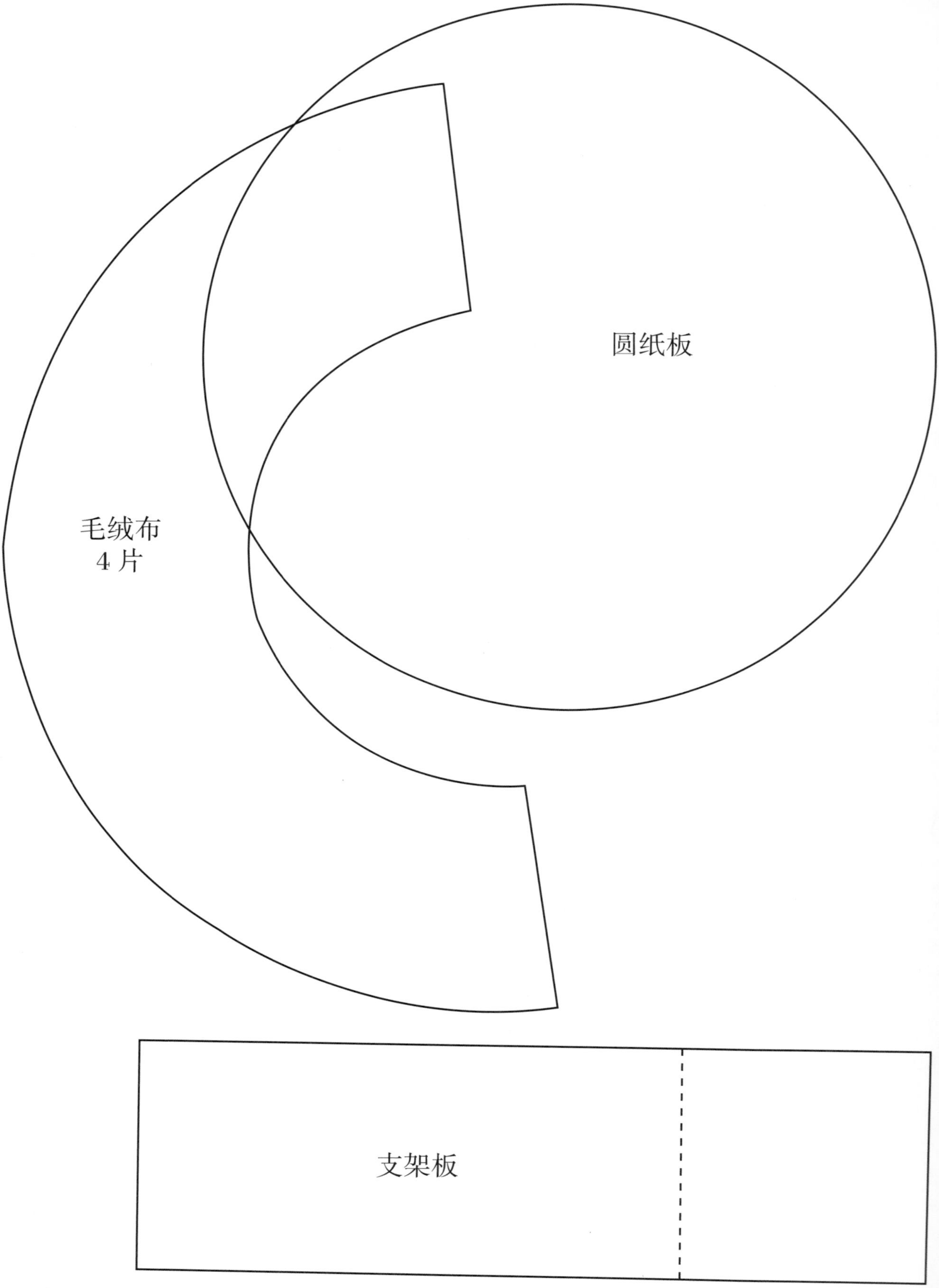
圆纸板
毛绒布
4 片
支架板

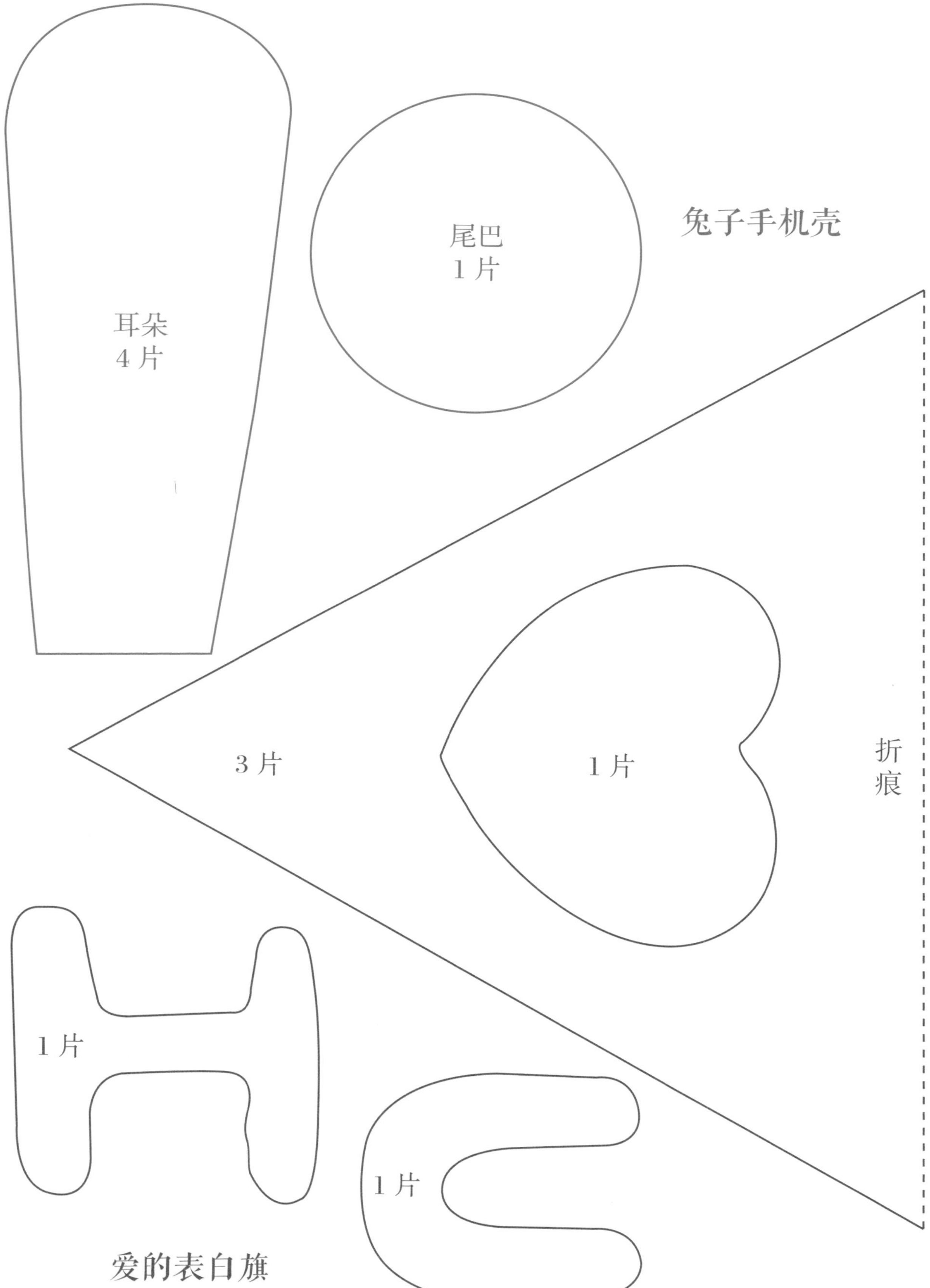

兔子手机壳

爱的表白旗

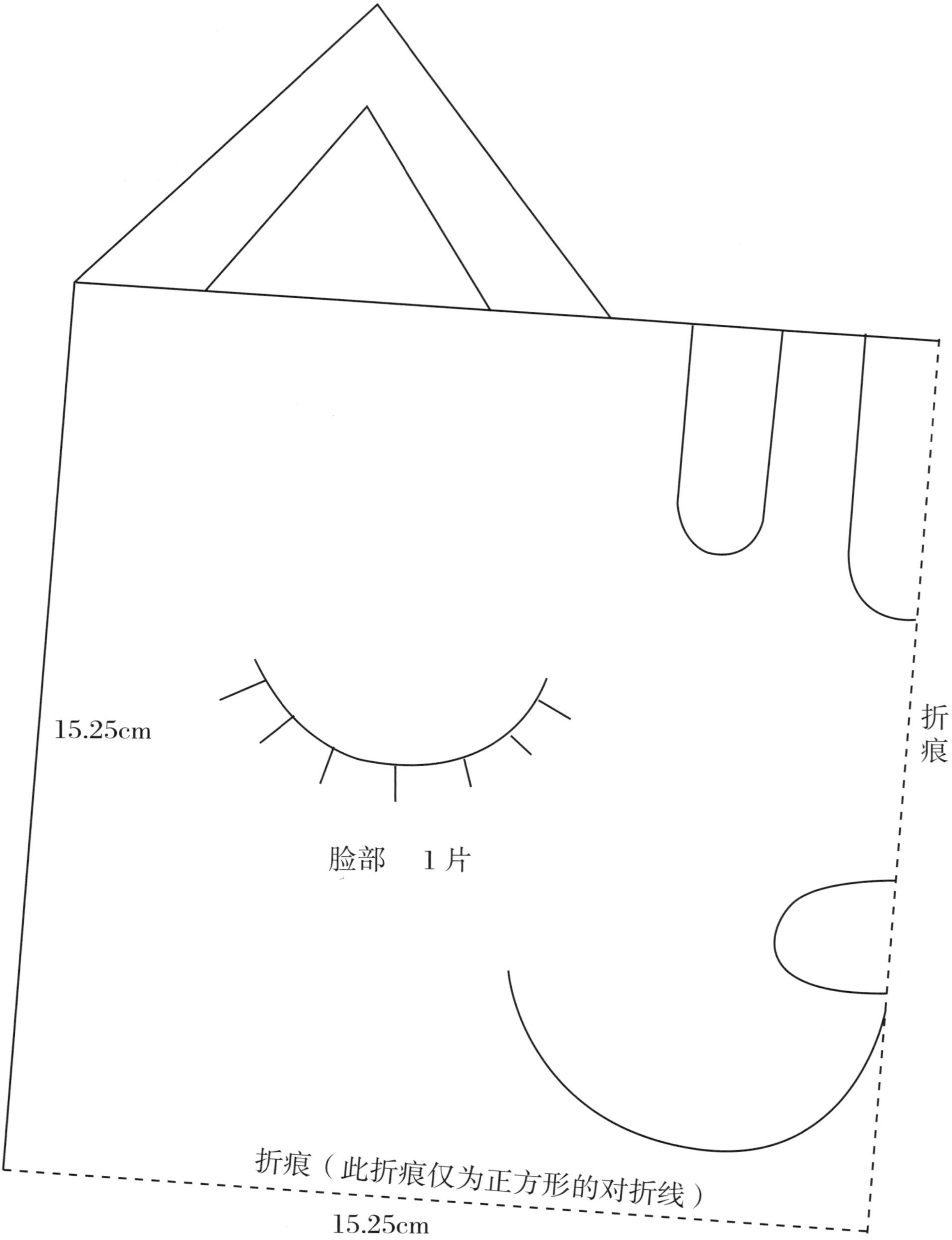
15.25cm
折痕
脸部　1片
折痕（此折痕仅为正方形的对折线）
15.25cm

扫码下载
本页原大纸样

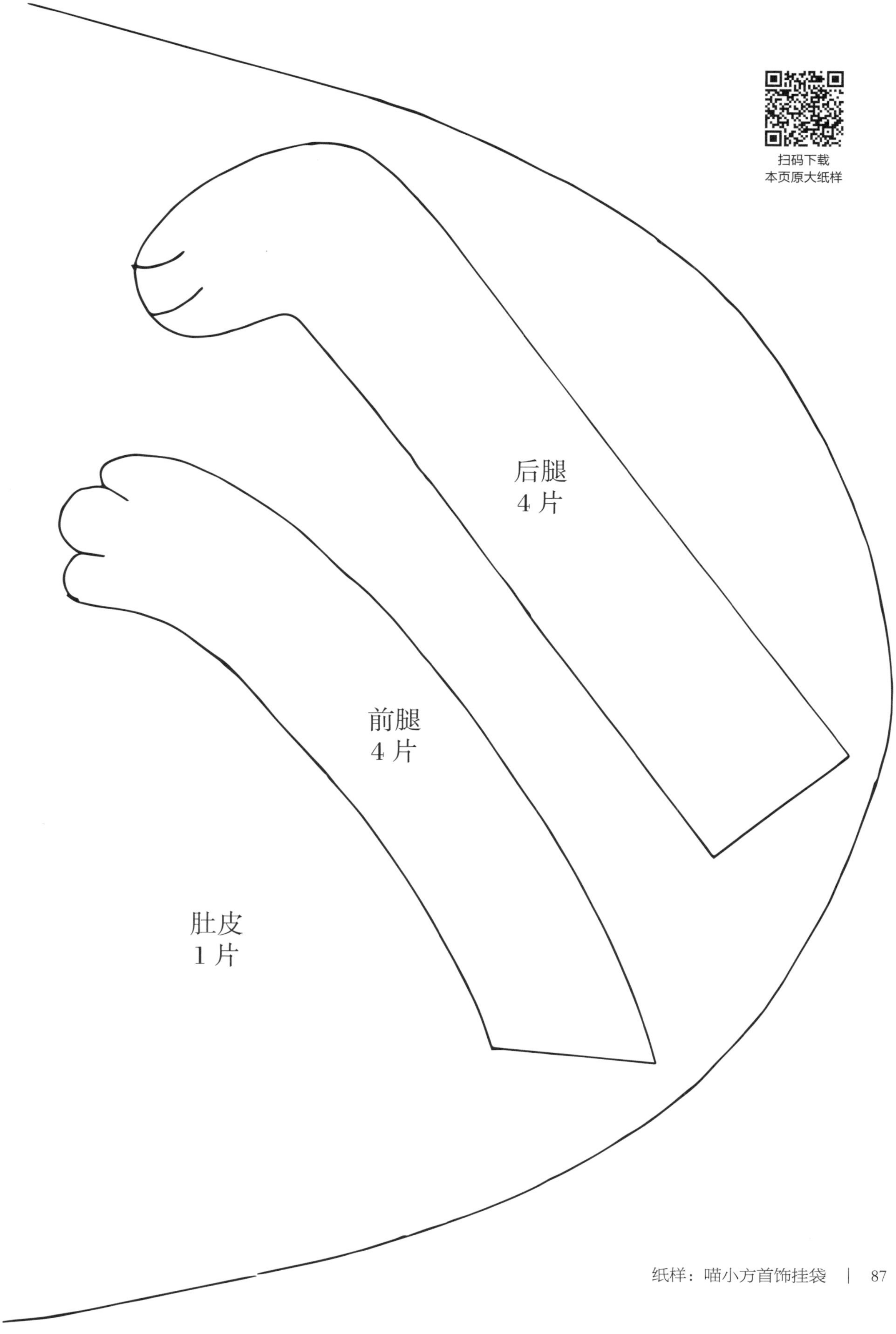

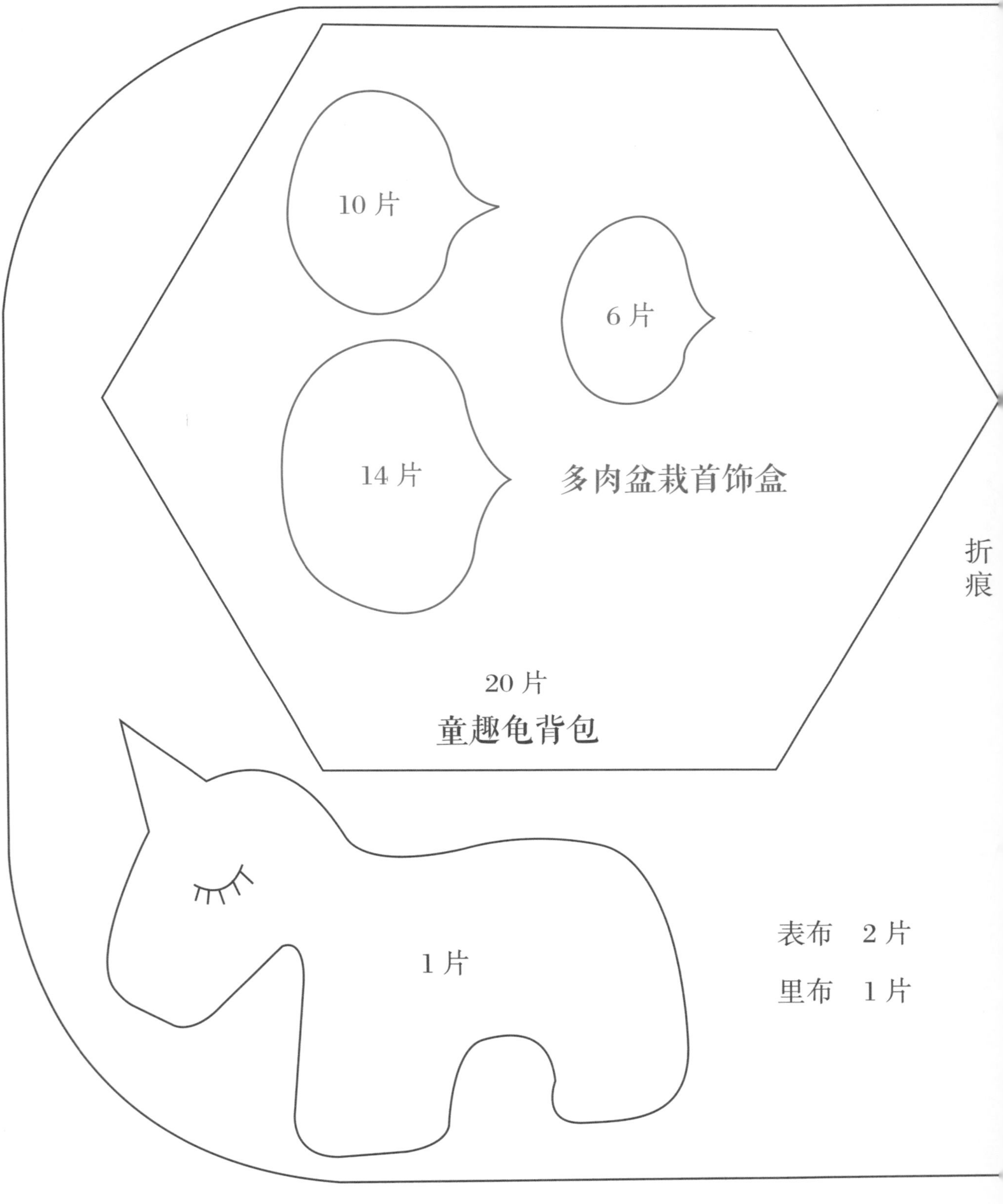

夹层拉链斜挎包

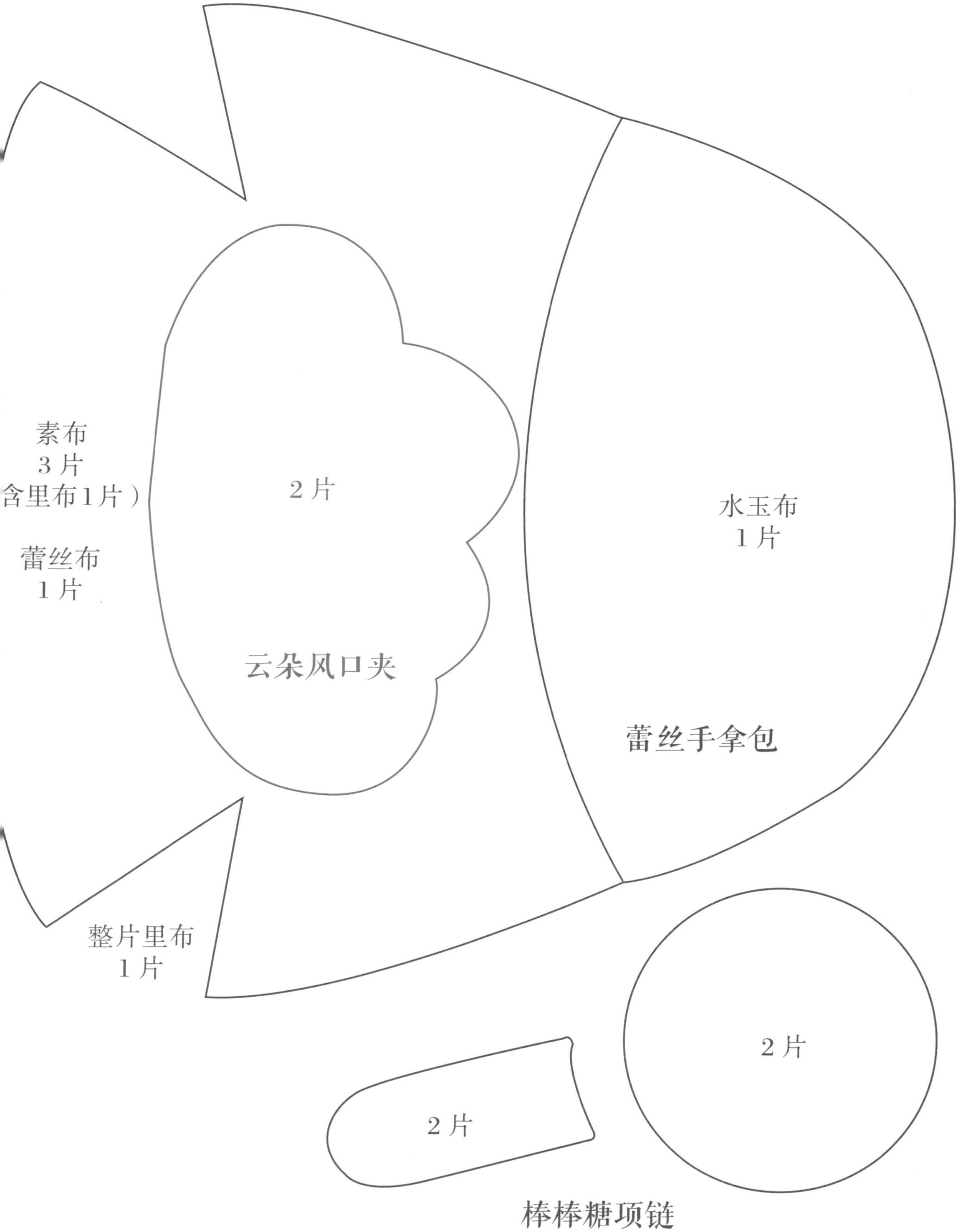
素布
3片
含里布1片）
蕾丝布
1片
2片
云朵风口夹
水玉布
1片
蕾丝手拿包
整片里布
1片
2片
2片
棒棒糖项链

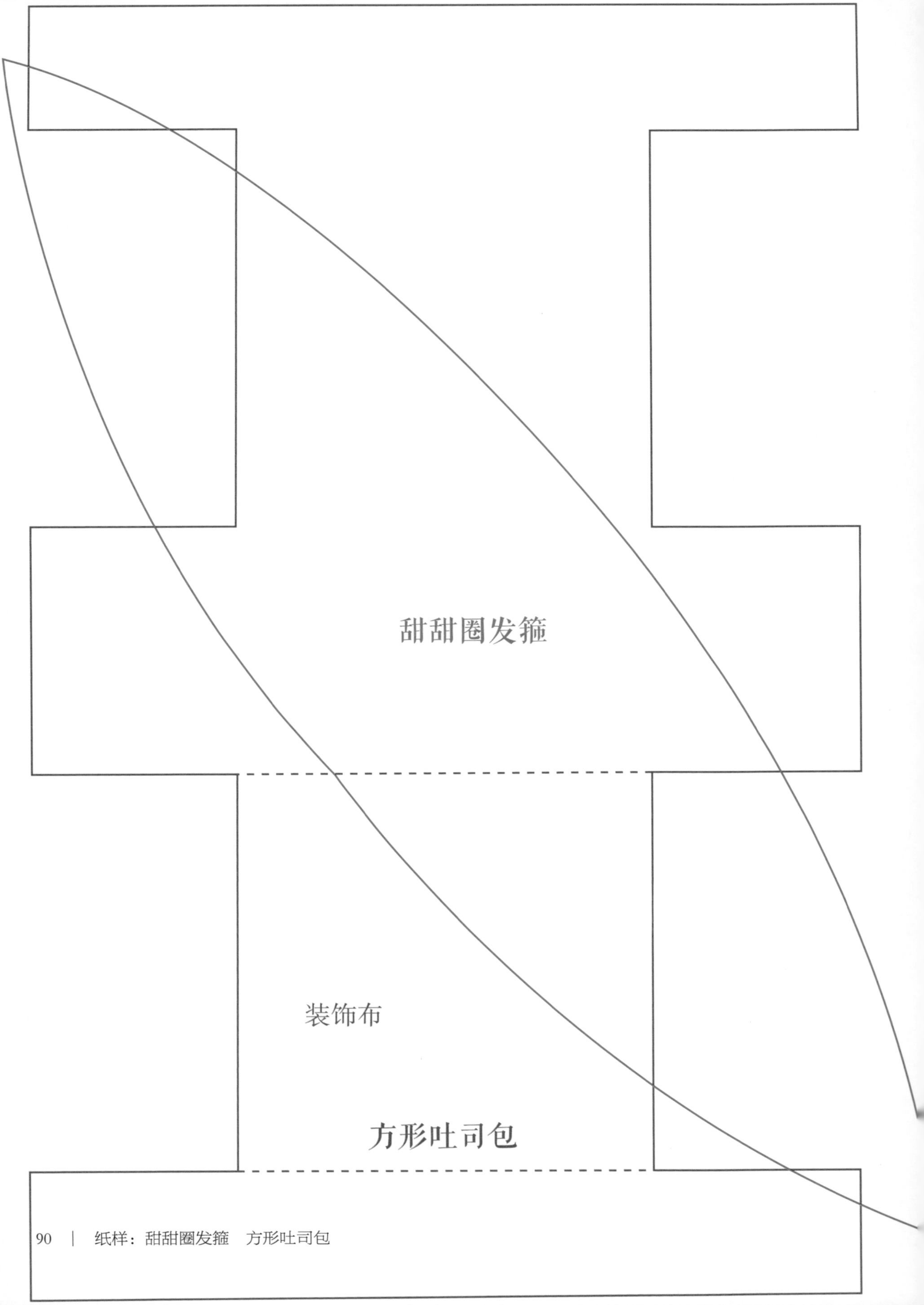
甜甜圈发箍
装饰布
方形吐司包